SHOULDERS
OF GIANTS

巨人◎肩膀

巨人的肩膀

Social
Life In the Insect
World

昆虫世界
的社会生活

［法］法布尔◎著

蒋永强◎译

江苏凤凰科学技术出版社
·南京·

PELICAN
BOOKS

PUBLISHED BY PENGUIN BOOKS

SOCIAL LIFE IN THE INSECT WORLD

J. H. FABRE

WITH FIFTEEN ILLUSTRATIONS

COMPLETE   UNABRIDGED

法布尔

法布尔的书房

蝉出地洞

蝉的羽化

螳螂捕食

蜜蜂杀手：欧洲狼峰

孔雀天蚕蛾

橡树蛾

象态橡栗象

豌豆象

菜豆象

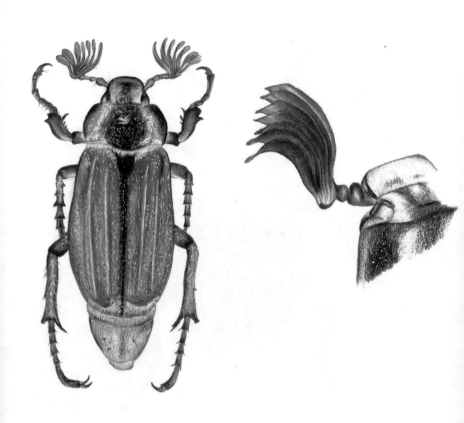

松树鳃角金龟

出 版 前 言

　　正如艾萨克・牛顿（Isaac Newton）曾在信中对罗伯特・胡克（Robert Hooke）所说，"如果我看得更远些，那是因为站在巨人的肩膀上。"（"If I have seen further it is by standing on the shoulders of Giants."）我们通过出版19、20世纪近代科学革命中的先驱者、创始人和代表人物的著作，以期将现代文明赖以发展的重要科学方法、理论和思想，作为新的"巨人的肩膀"，向公众普及。丛书借由各个学科大师的经典论述展现了近代科学革命的重大论题，帮助大众读者和科学爱好者了解当时的巨擘们所承担的历史使命，感受一百多年前"巨人的肩膀"的坚实与高大。当然，我们同样期望在推动兴趣读物的大众普及之余，也能以原汁原味的科学经典，为当前科学从业人员的理论研究与思想探索带来一定的启发。

　　当今时代与数百年前一样，依然是科学的时代，是信息技术逐渐成熟，向着未来技术过渡的时代。然而，相比19世纪末、20世纪初轰轰烈烈的科学革命（以相对论、量子力学取代经典物理学为代表），可以说我们的时代在科学理论上已经进入了美国科学哲学家伯纳德·科恩所说的"常态科学"（normal science）阶段：基础理论虽仍在进步（比如堪称日新月异的凝聚态物理和量子信息理论），但最基本的科学理论范式并没有再发生颠覆性的变革，至今局限于相对论、量子力学和两者结合下产生的量子场论。

审视历史，方能看到未来。为此，"巨人的肩膀"丛书的每一辑都将包括相对论和量子力学的著作各一本，或是直接的物理学讨论，或是背后的思想性论述，与读者一起重温现代物理学两大支柱刚刚树立之时紧张而热烈的思想环境和精彩而曲折的探索历程。除此之外，我们也会从生物学、计算科学、心理学、科学史、科学哲学等学科各具开创性的著作中，遴选适当书目，以多个学科组成丛书的每一辑，从多角度拼出科学变革的整体图景。

我们深知，翻译和编辑不同科学门类的代表人物尤其是理论范式开创者们的著作是一项难度很高的工作，能力所限，难免有错误和疏漏之处，还望方家不吝指正！

目录
CONTENTS

蝉与蚂蚁的寓言

名声往往源自传说。就像人类社会一样，在动物世界中，传说要比事实传播得更远且更广。很多例子表明，一个昆虫之所以能够引起我们的注意，原因可能有很多，而那些罔顾真相的传说就是其一。

例如，谁没听说过一点关于蝉的传闻呢？在昆虫世界中，还有什么传说比蝉的传说更广为人知呢？我们对它最早的了解，不都是来自不断重复的传说吗？我们听说它是一个歌手，歌唱起来热情洋溢，顾不上为将来考虑。寒风吹起时，它饥困交迫，跑到它的邻居——蚂蚁那里乞讨。但对方并不欢迎它！蚂蚁的回答让蝉的坏名声人尽皆知！看看这两行带着一点恶意的文字：

歌唱？我很高兴听你歌唱，

　　现在，您不如去跳舞吧！

正是这两行字，让蝉名垂青史，比它精湛的歌唱技艺更加广为人知。这两句话在我童年的记忆里扎下了根，永难忘却。大多数英国人，甚至大多数法国人，都是听不到蝉鸣的，因为它寄居在橄榄树上。但我们却都知道它在蚂蚁那里所受到的冷遇。它的名声居然就是建立在这样微不足道的小故事上的！但这是一个在道德和自然科学上都充满疑点的传说。这不过是一个奶妈讲给孩子听的故事，它唯一的优点就是篇幅很短。这就是蝉的声名所赖以建立的基础，它穿越了多少个世纪的历史风尘却依然风头不减，丝毫不亚于《穿靴子的猫》和《小红帽》这一类故事。

孩子是传统的守护者。习俗和传统一旦在他们的记忆里打上烙印就会变得坚不可摧。在孩子们第一次懵懵懂懂地试着背诵寓言时，蝉的不幸命运就刻在他们的记忆里了。所以，蝉的声名远播实际上要归功于孩子们。寓言里的那些荒谬的传说就这样被传承了下来。寓言里说，寒冬来临时，蝉总是会变得饥饿难耐，实际上在冬天蝉根本就不存在；寓言里说，蝉会乞讨麦粒，实际上它细小的吸管根本容不下麦粒；寓言里还说，在情急之下，蝉会捕捉苍蝇和蠕虫，实际上蝉根本不吃这些东西。

那么，谁该为这些荒谬的错误负责呢？让·德·拉·封丹①。他的大部分寓言都以其精妙的观察让我们着迷，

---

① 让·德·拉·封丹（Jean de la Fontaine, 1621—1695 年），法国古典文学的代表作家之一，寓言诗人。

但在一些寓言中，他却进行了错误的想象和发挥。他对故事中最早的一批角色有着很深入的了解：狐狸、狼、猫、山羊、乌鸦、老鼠和黄鼠狼，还有其他很多动物。他在向我们讲述这些动物的事实和行为时，充分展示了其令人兴味盎然的精妙细节。这些动物都是他自己国土上的臣民、邻居和伙伴。它们的生活都巨细无遗地展露在他的眼皮底下。但对于这块长腿野兔出没的土地，蝉却是一个陌生的动物。让·德·拉·封丹从来没有听见和看见过它们。对他来说，这个名声在外的歌手一定就是蝈蝈。

格朗维尔①的画笔可谓跟让·德·拉·封丹的文笔相得益彰，但他也犯了同样的错误。在他给这个寓言配的插画中，我们看到蚂蚁穿得就像一位忙碌的主妇，它站在旁边堆着几袋麦子的门口，鄙夷地背过身去，根本不看蝉伸出的爪子。而这个寓言的第二号人物——蝉则头戴大檐帽，胳膊下夹着一把吉他，裙子被风吹得裹住了小腿，这完全就是蝈蝈的模样。格朗维尔跟让·德·拉·封丹一样，不了解真实的蝉。他画得很出色，但和很多人一样，他将蝉想象成了别的昆虫。

---

① 格朗维尔（J. J. Grandville，1803—1847年），19世纪法国著名漫画家。擅长将动物的面部与人类的身体相结合，来表现动物的特征。

　　此外，让·德·拉·封丹的这个简短故事，只不过是另一则寓言的改编而已。自从人类产生了自私这种心理，蝉和蚂蚁的传说就已经出现了，它们甚至与这个世界一样古老。那些带着塞满无花果和橄榄的布袋去学校的雅典孩子们，在老师面前磕磕绊绊地背诵的就是他们课本里的这个故事。他们背诵道："冬天，蚂蚁将受潮的食物放到太阳底下晒干。一只饥饿的蝉跑过来，向它们讨要一些麦粒。那些吝啬鬼们回答说：'你在夏天歌唱，现在到了冬天，你就跳舞吧。'"这个故事有些干瘪，和让·德·拉·封丹的故事一模一样，但它的内容与事实也不相符。

　　这个寓言实际上来源于希腊，那里和法国南部一样，是橄榄树和蝉的故乡。那么，伊索是不是它真正的作者呢？就像我们一般所认定的那样。这一点我并不清楚，但实际上也不是很重要。不管怎么说，作者应该是希腊人，是蝉的同乡，他一定非常了解蝉。在我的山村里，没有一个农民不知道，到了冬天，蝉就会踪影全无；每位农民、每位园丁都熟知蝉的最初形态——若虫。他们在寒冬临近给橄榄树培土时，铲子不断会铲到蝉的若虫，在乡村小路两边也能无数次看到蝉的若虫。他们很了解这些若虫，知道在夏天它们怎样从土壤中自己挖的小洞里钻出来；它们怎样抓住一根枝条，然后翻转它的外壳（此时它们的外壳比羊皮纸还要干燥），从洞里爬出来，变成了蝉——一种嫩绿色的昆虫，但不久后，它的颜色就会变成棕褐色。

我们不能推测希腊人还不如普罗旺斯的农民，不能判定希腊人无法看到最粗心的普罗旺斯农民也能注意到的现象。相反，他们跟我的乡村邻居一样，对这些事情了如指掌。这个寓言的作者，不管他是谁，他身处的环境是最有利于掌握蝉的正确知识的。那么，寓言里的谬误又是来自哪里呢？

比让·德·拉·封丹更难以原谅的是这个希腊寓言家。他在书中写到了蝉，却不去探究这个就在附近高声鸣叫的活生生的昆虫。他宁愿放弃事实，也要遵循传统。因为，他的寓言也是改写自一个更古老的故事，复述了一个来自印度的传说。我们无法确切地了解印度人用芦苇笔写下的究竟是一个什么样的故事，但很有可能，这个故事要比蝉与蚂蚁之间的对话更接近事实真相。印度人对动物友善有加，不会犯这样的错误。综上所述，我们认为，最初的寓言主角并不是蝉，而是其他什么动物，这种动物的种种特点恰恰跟后期改编版本里的蝉的特点相吻合。

这个古代轶闻源远流长，或许就像早期历史上父亲告诫儿子勤俭持家的第一个忠告那样古老。在印度的历史长河中，这个传说曾经让智者沉思，让儿童欢笑。然后它又从印度流传到了希腊。就像任何传说的命运一样，为了适应不同的时代和地域，在人们口口相传的过程中，它必定经历了无数次的改动。

希腊人在自己的国家没有找到印度传说里所讲的昆虫，于是希腊人将它说成是蝉。就像巴黎被称为现代雅典，蝉的形象在这里被偷换成了蚱蜢。谬误形成之后，便会一直流传下来。一旦它在孩子的记忆中固化，它就会被认为是可信的，即便真相就在眼前，谬误却依然大行其道。

让我们试着将蝉的真相加以还原。我向你发誓，它绝对是一个纠缠不休的邻居。每年夏天，它们都被我门前的法国梧桐树所吸引，盘踞在树枝上，从日出到日落，以其嘹亮且刺耳的"交响乐"不断地轰炸我的大脑。这场震耳欲聋的音乐会搞得人晕头转向，大脑一片混乱，根本无法集中精力来思考问题。要不是我利用一大早的几个小时工作，整整一天就会被荒废了。

啊！我本来希望自己的住处是安静、祥和的，结果它就像是中了动物的邪，染上了某种瘟疫！雅典人说，他们为了更好地欣赏蝉的歌声，常常将蝉放进一个小笼子里。在饭后消化之际，用一只来提提神也就足够了。但几百只蝉齐声歌唱，轰炸你的耳膜——那可真是一种折磨！可蝉倒好，以先来后到作为理由，大力声张自己的权利。我承认，在我到来之前，这两棵梧桐树完全属于你，确实是我侵入了你的领地。但为了这个正在给你写传的人，还是请你放低自己的音量，克制自己的振音吧！

真相不应该被寓言家的荒谬杜撰所掩盖。有时候，在蝉和蚂蚁之间确实会发生一点事情，但这点事情恰恰跟寓言里讲的情况相反。它们两者中，蝉并不是主动的一方，因为它从不会为了活命而寻求其他动物的帮助。相反，这样做的恰恰是蚂蚁，一个贪婪的掠夺者，将一切能吃的东西都堆到它的粮仓里。不管什么时候，蝉都不会跑到蚂蚁的巢穴门口去乞食，在那里老老实实地保证连本带息归还。相反，通常是蚂蚁被干旱所困扰，去向蝉乞讨。没错，我说的就是乞讨！借贷和归还可不是这个地面盗贼的做派。它剥削蝉，无耻地掠夺它的食物。奇怪的是，人们并不知道这一点，现在让我们来好好看一看这个窃贼。

在一个闷热的七月下午，昆虫们被干旱所困，各自东奔西走，在枯萎的花朵上徒劳地寻求解渴之道。这时候，蝉却能轻松地解决口渴的问题。它用小钻头一样的喙，钻入那取之不尽的窖藏中。抱着灌木细枝，它一边唱歌，一边刺破那被太阳晒得鼓胀的硬树皮。随后，它将自己的吸管插入树皮，畅饮起来。这时候它一动不动，全神贯注，完全沉浸在甘泉和歌唱的美妙世界中。

让我们再观察一会儿，说不定我们会目睹到意想不到的惨状呢。实际上，此时的确有许多饥渴的昆虫正在四处转悠，透过树皮上渗出的汁液，它们最终发现了蝉的私有钻井。它们聚集在蝉的周围，一开始还有所顾忌，只是小心翼翼地去舔舐那些渗出来的汁液。我看到，聚集在钻口附近的有胡蜂、苍蝇、蜈蚣、泥蜂、金蜂和花金龟，最多的就是蚂蚁。

那些个头较小的昆虫，为了爬到井口，从蝉的腹下滑落，而蝉则用爪子把自己的身体撑起来，给那些纠缠不休的家伙让路；那些个头较大的昆虫，不耐烦地跺着脚，快速地吸了一大口就撤离，转身跑到邻近的枝条上，然后再次折回，这一次它们更加肆无忌惮；那些原本谨慎的家伙现在越发贪婪，变成了闹哄哄的侵略者，一心想要把挖井人从甘泉口赶走。

在这帮土匪中，最具侵略性的就是蚂蚁。我见过它们啃蝉的爪子，拖蝉的翅膀，爬到蝉的背上，还逗弄它的触须。最大胆的一只蚂蚁，竟然去拖曳蝉的吸管，竭力想要把它从钻井里拔出来！

在这些"小矮人"的不断侵扰下，"巨人"失去了耐心，最终放弃了它的钻井。蝉飞走了，走的时候将一泡液体排泄物喷射到那些侵略者身上。但对蚂蚁来说，这种来自蝉的蔑视又算得了什么呢？毕竟，此时它已经占有了这口甘泉。只是，失去了那个刺激它流动的"水泵"，井里的液体很快就被耗尽了，只剩下一点，但那一点液体也是香甜的。蚂蚁可以聊以自慰，它可以等待下一回的畅饮，只要时机一到，它就会用同样的方式去攫取。

就像我们看到的那样，事实与寓言里描写的场景正好相反。那个不知羞耻的乞讨者，那个动作利索的窃贼，正是蚂蚁；而那个辛勤的劳动者，那个不怕麻烦、自愿分享劳动成果的昆虫，正是蝉。还有另一个细节，进一步证实了寓言的荒谬。在度过了五六个星期的快乐时光后，这位歌手从树上掉了下来。烈日晒干了它的躯体，任由过路者踩踏。强盗般的昆虫总是在寻找宝物，很快，蚂蚁发现了蝉的遗骸，它们立即将这个宝藏瓜分了。蚂蚁们先是肢解它，又将它分割成细小的碎片，然后便运回去充实它们的粮库。有时我会看到，一只垂死的、翅膀还在尘土中颤抖的蝉正在被一帮劫匪拖曳和瓜分，这种现象并不少见。这时候，蝉的内心一定充满了悲伤。这个同类相残的例子清楚地告诉了我们，这两种昆虫之间的真实关系究竟如何。

古人对蝉赞誉有加。古希腊著名的诗人阿那克里翁 ① 曾经为它写过一首颂歌，其中的赞美之词异常夸张。他写道："你如诸神一般。"对这样的称颂，他给出的理由却没有什么信服力。他给出了三个理由：生于大地、

---

① 阿那克里翁（Anacreon，公元前520—前485年），古希腊著名诗人，以饮酒诗与哀歌闻名。

对痛苦没有知觉以及没有血液。对诗人的这些错误，我们不会加以指责，在科学探索将目光转向这类课题之前，当时的这些错误曾经普遍被接受。并且，在随后的很长一段时间内，这样的错误依然在不断地蔓延。况且，诗歌讲究的更多的是节奏和押韵，我们无须责备。

即便在我们这个对蝉的了解远胜过阿那克里翁的时代，普罗旺斯的诗人们在将昆虫作为某种象征进行颂扬的时候，也很少对真相进行更为严谨的处理。但我的一位诗人朋友却并非如此。他是一位如饥似渴的观察者和谨慎的现实主义者。他准许我从他的活页夹中拿出下面这首用普罗旺斯方言写下的诗歌，这首诗歌以科学的方式将蝉和蚂蚁的关系进行了进一步的呈现。在诗歌的意象和道德方面，我将责任都留给他本人。在我这个博物学家的花园中，这首诗是一朵未知的鲜花，但我向你保证，他在其中所写的都是事实。诗中的内容与我每年夏天在花园的丁香树上看到的情况没有出入。

蝉和蚂蚁

1.

天气真热啊！这可是蝉的好时光！

它的快乐如痴如醉，高歌火一般的阳光。

正是收割的季节；

面朝黄金般的麦芒，收割者们

弯腰弓背，默默劳作；

口干舌燥，有歌也唱不出来！

那是你的美好时光，娇小的蝉呀，

把你的音钹敲响，

扭动你的腹腔，鼓起你的两片镜子！

收割者们挥舞镰刀，

刀刃不停翻动，

在金黄的麦地里闪光！

人们的腰间别着水罐，

野草塞住罐口，装满为磨刀用的清水。

磨刀石凉快地待在木盒里，

整日啜饮着清水；

可人们在烈日下喘着粗气，

骨髓仿佛都被融化！

而你，蝉啊，却有止渴的良方！

甜美而又充沛，

在枝干上，插入细针，

就有了一口小小的水井。

水井里甘泉流淌，

你吮吸得多么欢畅啊。

但太平总是不会长久，因为盗贼将临。
周围尽是心怀歹意的游荡者。
它们看见你的水井，心生恶念，
蜂拥而至，想要喝上一口；
小心啊，可爱的蝉！那些窃贼的嘴脸，
开始时还有点谦卑的模样，
但渐渐就变得像无赖一样发狂。

它们起初还只搜寻井口边的一两滴甘泉，
但很快就不满足了，它们摇头晃脑，
渴望占有一切。它们拨弄你折起的翅膀，
爬到你山体一般起伏的背上，
抓咬你的嘴，触须和脚趾头。

拉扯让你发火，
嘘！嘘！一泡尿，刺鼻难闻，
一下子喷洒出来，你飞离树枝，
飞离那帮狼狈的流氓。
它们带着恶意的快感，窃取了你的钻井，
如今舔着上了蜜的嘴唇，它们可以随时喂饱自己。

看看这帮不劳而获的流浪汉，
有苍蝇、雄蜂、胡蜂和头上长角的甲虫，

但最坏的就数蚂蚁。

说到底，其他所有这些无所事事的恶棍，

都是大热天将它们驱赶到你的井边，

并非它们自己想要占有你的井。

而蚂蚁，挠你的脸，踩你的脚趾头，

或者捏你的鼻子，还跑到你宽大的腹部躲避光照；

或者爬上你的腿，跑到你的翅膀上

大胆地晒太阳，

在上面爬来爬去，多么傲慢无礼！

2.

现在，我来讲一个不足为信的故事。

从前，古人们说，

冬天到了，你饥肠辘辘，苦恼不堪，

有一天，你偷偷看到

地面上的蚂蚁正在封存宝藏。

富裕的蚂蚁把夜晚被露水打湿的粮食

搬到外面晒太阳。

之后再将它们储藏起来；一颗一颗地

将晒干的粮食装进口袋。

这时你来了，眼泪蒙住了视线，

你说:"这天多冷啊,寒风

吹得我东倒西歪,

我都快饿死了。从你富余的粮食里,

请给我满上一小袋吧,

到夏天甜瓜成熟的时候。

我会归还。"

"借我一点粮食吧。"

还是走吧!你以为蚂蚁会借你?

你看错了。它有大袋的粮食,但一点也不会给你!

"滚开,去把桶底刮刮干净!

你夏天歌唱,冬天到了,就得挨饿!"

古老的寓言就是这样讲的,

它教导我们要像那个掠夺者那样

谨慎老成,乐于将钱袋系紧。

但愿那根绳将它们所有的内脏也系得扭曲!

这些寓言家让我气愤不平,

说什么你冬天去寻找苍蝇、小虫,

还有麦粒——你可从来不吃这个!

麦粒!用那个喙,你能吃吗?

你有自己的甘泉,带着蜂蜜的味道。

冬天有什么关系？在地下的洞穴里，

你的孩子们睡得酣畅。而对于你，

不会醒来的睡眠是最香甜的。

从枝干上掉落，你的躯体

化为碎片；此时，四处嗅探的蚂蚁找到了你。

在你干枯的皮囊上，

蚂蚁们举行了一场饕餮盛宴。

它们将你撕裂，将你掏空，

将你藏到它们的粮仓。

在冬季来临，行动缓慢时，

好让它们可以随意享用美食。

3.

这就是真实故事应有的模样，

跟那些寓言鲜有相近之处！

专捡便宜的蚂蚁，这可不是你们想要听的故事，

我知道，你们以为这样就扯平了！

手上带钩、大腹便便，你想怎样？

用大粮仓统治世界吗？

你们耸耸肩，带着傻笑，传播着那个故事：

艺术家从不干一丁点活，

所以让那蠢货吃点苦头！

闭嘴吧！我忍不住想。

当蝉刺穿树皮畅饮的时候，

是你们将它赶走，窃取它的甘泉；

而当它死去时，是你们将它当作美餐一顿！

蝉出地洞

　　夏天来临之际，第一只蝉出现了。沿着被频繁踩踏、被太阳烘烤而形成的坚实小道，我们可以看到那些小到只容得下拇指的圆形孔口，蝉的若虫就是从这些洞口爬出来，蜕变成了蝉。除了被犁翻过的田地外，这样的洞口或多或少，到处都可以看到。它们通常出现在干燥和炎热的土地上，尤其是公路或者人行道的边缘。为了离开地面完成蜕变，这些若虫使尽浑身解数，它们完全有能力穿透草皮或穿过被晒干了的泥土。所以，它们似乎更喜欢硬实一点的地方。

　　花园里有一条小径，朝南一面墙壁将阳光反射过来，使得这里几乎如同佩特拉①一般酷热。在这条小径上就有很多这样的洞口。在六月的最后几天里，我对这些最近被废弃了的小坑进行了一番检查。那里的泥土是

————————

① 佩特拉（Petraea），约旦南部的一座古城，隐藏在一条连接死海和亚喀巴湾的狭窄的峡谷内。

如此紧实，以至于我必须得拿一把鹤嘴锄才能挖下去。

那些孔口是圆形的，直径大约有两厘米。孔口周围没有什么废弃物，也没有从地里抛出来的泥土。蝉的洞穴外找不到任何小土丘，这一点和另一个出名的挖掘工——粪金龟不一样，它们的挖掘方式不同。粪金龟是从外往里挖，它先从洞口开始挖掘，将挖掘出来的泥土堆积到地面上。而蝉正好相反，它是由内向外、由下往上开始挖掘，直到最后一刻才会打开洞口。所以，直到整个挖掘工作结束，它都不能将挖掘出来的泥土抛弃掉。前者向外往里不断挖掘，在门口堆积起一个小土丘；后者从里往外挖掘，在工作期间无法将废弃物堆放在门口，因为那时候它的门还没被挖开呢。

蝉的洞穴大约有四十厘米深。它整体呈圆柱形，根据土质的不同而稍有变化，但通常是垂直的，保证蝉能够沿着最短距离的路径往上走。地洞内畅通无阻。如果你想在里面找到挖掘后留下的废弃物，那你一定会无功而返。洞穴的尽头是死胡同。那是一个相当宽敞的居所，周围的墙体牢不可破，没有迹象显示它跟其他走廊有连通。

根据其长度和直径，我们可以推断这个洞穴的体积在两百立方厘米左右。那么，那些被挖掉的泥土又到哪里去了呢？

在这样一个干燥且易碎的土壤环境中挖掘，我们预想，因为小型的塌方，这个通道和底部会布满细碎的灰尘。但恰好相反，洞穴内的墙面都被一种像黏土一样的泥浆整齐地涂抹过了。实际上，墙面有些粗糙，并不完全是光滑的；但那些不规则的凹凸面上覆盖了一层黏土，那些碎屑与废渣在一种黏性液体中浸泡过之后又干透了，被牢牢地固定在墙上。

蝉的若虫在通道里爬上爬下，往上几乎可以爬到地面，往下可以回到洞穴底部。在这个过程中，因为有了这层黏土，它的爪子就不会将墙面上的土渣带下来，导致墙面坍塌，洞穴堵塞，从而造成往上爬很困难、往下爬几乎不可能的场面。矿工用支柱和横梁加固矿井，隧道工人用砖石和铁管支撑四壁和顶部。就严谨性来说，蝉的若虫一点也不输给工程师，它在洞穴的墙面上粉刷了一层泥浆，保障它的通道始终畅通无阻。

为了在附近找一根树枝准备蜕变，这昆虫就会从泥土中探出头来。如果这时候正好被我惊扰到，它就会立刻谨慎地撤退，毫不费力地退回到它的洞穴底部。可见，即便在即将被永久废弃的时候，这个庇护它的洞穴也不会因塌方而堵塞。

这个上行通道并不是若虫为了着急见到阳光而仓促完成的作品。这是一个真正的居所，若虫可能会在里面待上很长一段时间。被它涂抹过的墙壁可以说明这一切。如果是作为一个简单的出口，那就没必要做这样的防范措施。这个洞穴还能充当气象观测站，里面的住户能够留意着外面的气候。被埋在这三四十厘米深的地下，在发育成熟时，若虫几乎难以判断外面的气候条件是否适宜。地下的气候通常变化地很慢，很难为若虫生命中最重要的行动——在蜕变前夕跑到太阳底下提供准确的信息。

有几个星期，也可能几个月，它都在耐心地挖掘、清理和加固那个垂直的通道，仅仅在洞口留有一指厚的土层，与外界隔开。在底部，它准备好了一个精心营建的休憩之处。这里是它的庇护所，也是它进行等候的地方。它静静地留意着外面的气候，计划着是否需要推迟出洞的时间。只要天气有一点好转的迹象，它就会爬到洞穴的顶部，透过那层覆盖在通道上的薄薄土层，打探外面的世界，以知晓外面空气的温度和湿度。

如果事情的进展并不顺利，存在着刮风下雨之类有可能对这个纤弱的昆虫造成致命威胁的情况，这个谨慎的动物就会再次返回洞穴底部，再待上一段时间。反之，如果气候适合，若虫就会用爪子敲打几下洞穴顶部的土层，捅破天花板，破土而出。

一切都似乎表明，蝉的这个洞穴是一个等候室、一个气象站，若虫在里面要做长时间的停留。它时而会爬到地面附近确认外界的气候；时而会返回底部，更好地躲藏起来。这也就解释了底部休憩室存在的原因，也解释了用泥浆固化墙面的必要性。否则，若虫不断地在通道里上上下下，就会造成洞穴塌方。

不太好解释的另一件事情是，若虫最初挖出的泥土不见了。这两百立方厘米左右的泥土到底去了哪里？洞穴的内外都见不到一丝痕迹。那么，像炉灰一样干燥的土壤中，用来粉刷墙面的泥浆又是从哪里来的呢？

在木头上钻洞的若虫，比如天牛虫和吉丁虫，似乎可以回答上面的第一个问题。它们用吃掉木料这个简单的方法，在树干中开辟出一条通道。这些昆虫的大颚一片一片地啃着木料，并将它们吞了下去。木料从这个垦荒者的躯体里穿过，在它们体内留下一点贫弱的养分，然后被排出并堆积在身后。排泄物堵塞了通道，若虫也不再返回。由昆虫的大颚和胃进行分解以及压缩而最终形成的物质比原始木料更为致密。因此，在通道的前方，必须留有一些空间供若虫劳作和生活。这个空间并不是很大，但已经足够容得下若虫在里面行动。

蝉的若虫会不会也是以这种方式来挖洞的呢？我指的并不是它通过躯体来处理挖掘出的泥土，即便是最松软的泥土，都不可能成为它饮食的一部分。我指的是，在它往前推进的时候，这些被啃噬下来的物质，会不会同样被直接甩到了身后呢？

蝉要在地下待四年。当然，这段漫长的生活并不是在我刚才描述过的洞穴底部度过的。那里只是一个栖息的地方，一个为它到地面上蜕变做准备的地方。它是个流浪汉，带着自己的口器从一棵树的根部爬到另一棵。当它需要迁移的时候，比如要从土壤上层逃离——在冬天，那里实在太冷了，或者是要定居在一个更舒适的地方，它都会将刨下来的泥土抛到身后，开辟出一条通路。很难否认，它用的就是这个办法。

就像天牛和吉丁的幼虫一样，那样做足以在它周围形成一个必要的活动空间。如果泥土湿润、柔软并容易压缩，那么对蝉来说就相当于被其他幼虫消化过的木屑糊。这样的泥土很容易被压实，所以能够给若虫留出一个空间。

然而，有时候用于逃生的洞穴需要在很干燥的地方挖掘出来，这对蝉的若虫来说，难度就大大增加了。干燥的泥土非常顽固，难以压缩。有一种说法认为，当蝉的若虫开始挖掘洞穴的时候，早就把部分开垦出来的泥土搬到了一个先前就挖好的通道里，并把它填埋掉。这个猜测是完全有可能的。但在现实情况中，这种说法得不到任何事实的支持。如果我们仔细想一想那个通道的容积，以及要为废弃物腾出相应空间的困难度，我们会再次感到疑惑。毕竟，要掩埋这个数量的泥土，必须要有一个相当大的空间，那也意味着必须要通过挖掘才能得到。但是，这么做会制造更多的废弃物。这样我们就陷入了恶性循环中。只是将细碎的泥土打包，扔到挖掘者身后，是得不到这样大的空间的。蝉一定是运用了一种特殊的办法来处置废土。让我们一起来看看是否能够解开这个谜团。

让我们仔细检查一下刚爬出泥土的若虫。它身上几乎总是沾有一些泥土，有的干一点，有的湿一点。用来挖掘的前爪上也沾着一粒粒的淤泥颗粒，就像戴了一副泥手套，背上也沾满了泥土。这让人想起疏通下水道的人，他们整天和泥浆打交道，弄得自己满身是泥。蝉从非常干燥的土壤里钻出来，身上却处处有泥渍，这种情况不免令人惊讶。我原以为它会满身灰尘，结果却是满身泥浆。

还差最后一步，这个问题就能迎刃而解了。我挖出了一只正在动工的若虫。仅靠地面上的观察，我的研究无法更进一步。这偶然的运气并没有马上给我带来新的发现，但最终我还是得到了回报，这只若虫正准备开始挖掘。两厘米长的地道中没有一点废弃物，底部栖息处和其他地方也都没有。挖掘的工作还在进行，让我们来看看工人的情况又如何。

比起我所看到的从地下爬出来的幼虫，这个若虫看上去更加苍白。那对大眼睛的颜色有些发白，眼中一片浑浊，看上去仿佛是盲的。视力在地下又有什么用呢？离开洞穴的若虫眼睛是黑色的，闪着光，显然能够看到东西。当它破洞而出，跑到阳光下，这只未来的蝉必须找到一根合适的、能够匍匐在上面完成蜕变的枝条，这根枝条一般离洞穴有一定的距离。很显然，视力可以派上很大的用处。它的眼睛是在挖掘通道的那段时间里逐渐成熟的，这足以证明，若虫的洞穴并不是在匆忙中挖成的，而是花费了很长时间。

此外，这只苍白的瞎眼若虫在体型上要比成虫大许多，就像得了水肿病似的。它全身胀满了液体，用手指夹住它的时候，就有一股透明的浆液从它躯体的后半部渗出。它身上沾满了这种液体。这种从肠子里排出的液体是某种尿液，还是胃部排出的食物汁液呢？对此，我还没有得出结论。为了方便起见，我们暂且称之为尿液吧。

好了，这股尿液就是解开谜题的关键。在挖掘时，若虫将粉末状的泥土打湿，将它变成泥浆。通过腹部的压力，泥浆很快就被涂到了墙面上。那些干燥的碎土变成了泥巴，它们被填进了墙壁的缝隙。就这样，这昆虫得到了一个空空的通道，没有什么残渣会掉下来，因为所有的碎土都变成了一种比原本的土壤更紧致、更均匀的黏土，被就地利用了。

若虫就是在这样的泥巴涂层中间劳作的，这就是它浑身是泥的原因。在不知道这一秘密的前提下，看到它裹满了泥浆从极为干燥的土壤中钻出来时，我们感到十分惊讶。虽然它从工兵和矿工的工作中解脱了出来，这只昆虫却并没有完全放弃将尿液作为武器，而是将其作为一个防卫的手段。如果我们在观察它时凑得太近，在飞走前，它会对无礼者喷射出一剂尿液。尽管蝉喜爱干燥的环境，但上述这两种情况表明，蝉也是一位十分优秀的灌溉师呢。

虽然若虫体内有着大量液体，但要想浸湿从洞穴中挖出的大量碎土，并将它们转化成容易压缩的泥浆，若虫体内所容纳的液体还是远远不够的。储藏会枯竭，供给必须跟上。它是从哪里获得了供给？又是怎样获得的呢？我想我找到了答案。

我小心翼翼地将几个洞穴挖开，在每个洞穴的底部都发现了一根新鲜的树根。它横放在洞穴的墙面上，有的像铅笔那么粗，有的像麦秆那么粗。这树根露出的部分只有两厘米左右，其余部分掩藏在周围的泥土里。这是碰巧出现的汁液源泉吗？还是若虫有意选择的结果？我倾向于认为答案是后者。因为，树根一再地出现在洞穴中，至少在我挖开的洞穴中都能找到。

是的，若虫在挖掘地洞的时候，总会在附近找到一根存活着的小树根。它将树根的一部分露在外面，成为洞穴墙壁的一部分。这里就是水分供给的源泉。在将碎土转化成泥巴的过程中，每当它的储备枯竭，它便会回到起居室，将喙刺入树根，从这个嵌入墙壁的大木桶里畅饮。将体内的蓄水池装满之后，它就回去继续工作，将硬土打湿，用爪子将泥土扒出来，同时将碎土化为泥巴，涂抹在周围，使通道畅通。若虫就是以这样的方式不断向上挖掘。虽然我不能直接观察到这一过程，但根据周围环境的事实再加上推理，足以让我们做出这样的判断。

如果树根不能为它们提供水源，而体内的储备又都用完了，那又会发生怎样的事情呢？下面这个实验可以揭开谜底。我抓了一只刚要离开地面的若虫，将它放到一个试管的底部，然后在试管内装入不那么紧密的干土。这管泥土大约有十五厘米高。这个若虫刚离开的那个洞穴要比这里深三倍，土质与试管中的一样，但更硬实、更难挖。埋在这样一管粉末状的泥土下，它能不能钻上来呢？它是否有力量解决这个问题？这应该是没有疑问的。毕竟，它刚刚从坚硬的地底下钻出来，这点障碍对它来说不算什么。

但这时我产生了怀疑。在将与外界隔开的天花板移除之时，这只若虫已经耗尽了它储存的最后一点液体。它的水袋是空的，而现在又没有任何提供补给的渠道。我怀疑它不能成功，接下来的观察证实了我的想法。在三天时间内，这只被我囚禁的昆虫一直在绝望地挣扎，但是它却连两三厘米都无法向上突破。那些干土没有湿润剂，就无法被固定住。它们刚被推到一边，便又掉到了原位。这样的劳动毫无成效，总是要从头来过。第四天，昆虫死了。

如果若虫的水袋是满的，情况就完全不同了。我把一只刚开始进行挖掘工作的若虫抓来做了同样的试验。它全身胀满了液体，渗出来的液体弄湿了它的身体。它的任务很简单：从有些阻力的泥土中爬出来。它的肠子里分泌出来的一点点液体就能将干土转化成泥，这些有黏性的泥土就可以被推到一边，不用担心它们会掉落回来。通道被渐渐打通了，但很不规整，在若虫往上爬的时候，它后面的通道几乎又被堵住了。这昆虫似乎知道不可能给自己的水袋提供补给，所以在整个挖掘过程中很节约，使用的水量刚好能够满足需要，以便自己尽快从这个陌生的人工环境中逃生。这个精打细算的策略执行得极为有效，第十二天快结束之前，它终于爬了出来。

蝉的羽化

地洞出口被打开后，洞口敞开着，就像是被钻头钻出来似的。若虫会在洞口附近徘徊一阵，寻找下一个目标：一株荆棘、一丛百里香、一根草茎或一根灌木枝。一旦找到它需要的东西，若虫便会爬上去，头部向上，用钩子般的前爪牢牢抓住枝条。如果枝条的方向顺着它的其他爪子，它就会用其他的爪子抓紧枝条，加固支撑；否则，用两只前爪就已经足够。接下来，是昆虫休憩的时间。这时候它的爪子依然紧抓枝条不放。

羽化从蝉的中胸开始。它背部的中线上出现了一条裂缝，这昆虫慢慢地从裂缝处钻了出来，露出了成虫嫩绿色的身体。这个裂缝一直蔓延到头顶，然后向下延伸到中胸的下方。从这个裂缝中我们可以看到，成虫嫩绿色的身体逐渐膨胀了起来，在中胸部位生成了一个鼓泡，这个鼓泡随着血液的流动而起伏。最初，我们看不见这个鼓泡的作用，过一会儿，它就会像楔子一样，让蝉的表皮沿着十字形的缝隙裂开。

整个过程的进展很快。没一会儿，蝉的头部已经完全钻出，它的口器和前足也挣脱出来了。它将自己的身体悬挂着，腹部朝上。蝉的对足慢慢开始挣脱。它的翅膀里装满体液，由于没有完全展开，有些皱巴巴的，看起来像一对残肢。这是蝉羽化过程的第一个阶段，大约需要十分钟的时间。

蝉羽化的第二个阶段用时要长一些。它几乎已经完全挣脱了外壳，只有腹部的末端还在壳里。它蜕下的壳依然挂在树枝上，很快会变硬。蝉需要以它为支点，完成接下来的动作。它翻了个身，将自己的头朝下。蝉的体液注入了翅膀，原本皱巴巴的翅膀现在正逐渐展开。这个过程结束后，蝉凭借着腰部的力量翻了身，将头部朝上。它用前足抓住自己的壳，将腹部抽了出来。整个羽化过程大约持续半个小时。

这就是成年的昆虫，从它的外罩中脱颖而出，跟之前相比，简直有着天壤之别！它的翅膀有点重，湿湿的，透明中带着嫩绿色的脉络。中胸带一点棕色，身体其余部分是浅浅的绿色，有些地方微微发白。这个脆弱的动物还需要在空气和阳光中待上一段时间才能变硬和变色。大约两个小时后，还是看不到一点变化。它的前足抓着被废弃的外壳，身体在微风中摇摆，新生的身体很柔弱，仍然是绿色的。最后，棕色终于出现了，并迅速地覆盖了蝉的整个身体。整个变色过程在半个小时内就完成了。早上九点，它把自己固定在枝条上，到了十二点半，它就在我的目送中飞走了。

那个背部有裂缝的空壳仍然留在那里，它牢牢地钩在枝条上，秋风也很难把它吹落。有几个月时间，甚至在冬季，这些被遗弃的外壳都还常常被发现就悬挂在原来的枝条上。它质地坚硬，很像干掉的羊皮，不会很快腐败。

我的邻居跟我讲过许多事情，从中我收集到了一些关于蝉的信息。下面就来讲讲我听说的一些乡野趣事。

你有没有被肾衰或者水肿这样的疾病折磨过？你需不需要一些强效的利尿剂？乡下的药物手册一致推荐的金玉良方就是蝉。夏天，人们将蝉的成虫收集起来，然后将它们穿成串，放在太阳下晒干后，就保存在橱柜或抽屉里。一个贤惠的家庭主妇如果没有在七月份成串收集这些昆虫，她一定会责怪自己过于疏忽大意。

你是否因为肾炎或尿路不畅而叫苦连天？喝一点用蝉做的汤药吧。他们说，没有比这个更管用的了。我必须借此机会感谢那些好心人，他们有一次在不告知我的情况下，给我喝了这样的一碗混合剂，当时我都不知道是为了治疗这样一些疾病。但我还是不敢轻信。当我知道古代的阿那扎布城①的医师过去也常常推荐这样一个

---

① 阿那扎布城（Anazarbus），小亚细亚古老的城市，曾经是阿美尼国的首都。

处方时，着实吃了一惊。迪奥斯科里德 ① 告诉我们：蝉，干嚼对膀胱疼痛有效。从遥远的古代开始，希腊人就带着蝉、橄榄、无花果和葡萄，向普罗旺斯的农民展示这个处方。从此，他们就坚信不疑。只有一件事有所改变：迪奥斯科里德建议将蝉炒着吃，而现在人们将蝉熬成汤药后服用。这个昆虫有利尿的属性，其原因解释起来真是十分幼稚，令人惊叹。谁都知道，在人们企图抓住它的时候，蝉在飞走前会喷射出一泡排泄物在人的脸上。因此，它就能赋予我们这种排泄的才能。迪奥斯科里德和他的同辈们很有可能就是这样推断的。而今天的普罗旺斯农民也是这样推断的。

哦，善良的农民！如果你了解蝉的习性，了解幼蝉用尿液将泥土转化成泥巴，用于建造气象站，建造通向外部世界的通道，你又会有怎样的感想呢？拉伯雷在他的书中曾写到过，坐在圣母院钟楼上的卡冈都亚 ② 撒了一泡尿，淹没了成千上万个爱闲扯的巴黎人。你们的想象能力应该跟拉伯雷不相上下吧？

---

① 迪奥斯科里德（Pedanius Dioscorides，约 40—90 年），古罗马时期著名的医师、药物学家和植物学家。
② 卡冈都亚，拉伯雷的《巨人传》一书中的主人公。

蝉 的 歌 唱

在我居住的地方，我可以捕捉到五种不同类型的蝉。其中有两种蝉很常见，它们还有一个变种生活在花楸树上。这两种蝉分布广泛，乡野村民熟悉的也就是这两种。其中，个头大一点的那种蝉最常见。下面让我来简单描述一下它的发声器官和发声原理。

在雄性蝉的身体前腹，紧靠后腿往下，是两块很宽的半圆形盖片，两块盖片之间稍有一些重叠，右边的叠加在左边的上面。这是开合窗板、护盖和音室的制音盖。将它们掀起来，左右两边都有一个空腔，普罗旺斯人将它称为"小教堂"，合起来就成了一个"大教堂"。它的前面挡有一层柔软的黄色奶油状薄膜；后面则有一层干燥的薄膜挡着，颜色类似肥皂泡，普罗旺斯人称之为"镜子"。

这里的"教堂""镜子"和制音盖通常就被认为是蝉的发声器官。对于一位没了气息的歌唱者，人们就说它打破了自己的"镜子"。这话也被用来形容一个失去灵感的诗人。但这样的声学原理却是造成谬误流传的一个谎言。你可以打破镜子，一剪刀剪去窗板，将前面的黄色薄膜撕掉，却依然无法损毁蝉的歌喉。这样做，改变的仅仅是它的音质和音量。这些部分并不能制造声音，前膜和后膜的振动只是用于强化声音，而减音盖的开合也只是用来修正声音的。

声音来自其他部位，初学者很难找到。在两个"小教堂"的外侧，腹背交接形成的凸起处，有一个小孔，小孔上面有一层角质层，角质层又被盖板的重叠部分遮盖了。我们将这个小孔称为音窗，它跟一个空腔或音室相连，这个音室比"小教堂"更深，但容量要小得多。在下翼连接处，有个轻微隆起的部分，差不多是鸡蛋形。它的黑色非常显眼，所以很容易分辨。这个隆起部分就是音室的外壁。

让我们大胆地将它剖开。呈现在我们面前的就是发音器官——音钹。这是一块小小的白色膜，整体呈椭圆形，往外鼓起，上面有三四根褐色的脉络穿过，赋予它更多的弹性。这个音钹的整个周边都被牢牢固定住了。让我们设想一下，如果这块凸起的膜片被向里拉，它就会变得稍微扁平一点，在被快速释放的情况下，由于脉络的弹性，它就会很快回弹到原来的部位。于是，一个清脆的声音就在振荡中产生了。

二十年前，整个巴黎都流行购买一个可笑的玩具，我记得它叫蛐蛐板。它装有一小片钢片，一头固定在金属底座上。用拇指挤压，然后释放，它就会产生一种非常烦人的声音。要想赢得大众的喜爱并不需要什么更复杂的东西。这个蛐蛐板曾经风靡一时，但遗忘对它做出了公正的裁决。如今，它已经被忘得干干净净，以至于在我提起这个玩具的时候，都害怕没人能听明白。

这个膜状的音钹与蛐蛐板的原理相似，都是通过一种弹性物质的快速变形和反弹产生声音——前者是通过凸起的膜，后者是通过钢片。蛐蛐板是受拇指挤压造成钢片的弯曲，那么音钹又是如何被变形的呢？让我们回到"教堂"那里，将遮在它前部的黄色帘幕撕破，就能看到两条厚厚的肌肉柱。它们呈淡黄色，连在一起形成一个 V 字形，尖头的一端就顶在这个昆虫的中线上，靠着胸部的下表面。每根肌肉柱都在上部突然终止了，就像被切断了一样。在被切去的地方，有一根又短又细的肌腱伸出来，各自系在两边的音钹上。

这就是蝉的整个发音机制，并不比蛐蛐板更复杂。这两根肌肉柱一伸一缩，一张一弛，通过末端肌腱的牵动，让音钹发出声响。通过按压与迅速释放，利用音钹自身具有的弹性，使之弹回到原来的形状。这两个振动膜片就是蝉鸣的源头。

你想不想亲自验证一下这个发声机制？拿一只刚死不久的蝉，让它发出声音，没有比这个更简单的了。用镊子钳住它的一根肌腱，小心地牵拉几下，蝉鸣便又回来了。每次牵拉都会带出音钹的一次鸣响。没错，由于死去的蝉不能再通过那个共鸣腔来提升声音的振幅，这个声音比较微弱。但不管怎么说，这个小小的实验验证了发声的基本原理。

反之，你想不想让一只蝉静音？被抓在手中，就像之前在树上歌颂自由和快乐那样，这个顽固的音痴依然止不住歌唱。不过，这次不是歌颂，而是对不幸的哀叹。破坏它的"小教堂"，弄破它的"镜子"，像这样的暴力破坏是不起作用的。但只要在我们命名为"音窗"的侧孔那里导入一根细针，在音室尽头轻轻一刺，扎破它的音钹，它就发不出声音了。在另一侧做同样的操作，这只昆虫就会哑掉，尽管此时它活力依旧，身上也没有任何可见的伤口。不知内情的人都对我的针刺效果惊叹不已。把"镜子"以及"大教堂"的附属部件破坏掉无法让这昆虫失声，而对它无伤大雅的小小针刺带来的效果却胜过对它的伤筋动骨。

那个坚固的制音盖本身是不动的。打开或关上"教堂"之门的是起起落落的腹部。当腹部瘪下去时，音盖正好盖住了小教堂，同时也就关上了音室的音窗。当腹部鼓起来，"小教堂"就打开了，音窗也畅通无阻了，蝉的鸣叫声就达到了它的最大音量。腹部的快速振动与音钹的收放同步，也决定了蝉音量的变化。表面上看起来，就好像是由琴弓迅速地重复拉动而形成的。

如果天气炎热且风又不大，在近午时分，蝉的鸣叫就会分成几个小节，每段持续几秒钟，中间有短暂的停歇。每节开始时总是很突兀，然后迅速升高，腹部也随之快速地振荡，达到最高的音量；有几秒钟时间都保持同样强度，然后渐次降低，腹部随之也停下来休息。随着腹部的最后几次振动，声音消失了，无声的间隔时间随空气状况而有长有短。然后，一段新的歌唱突然又响起。如此，周而复始，无休无止地叫个不停。

这种情况很常见，尤其是在闷热的午后时分。沉醉在阳光里，这只昆虫常常会缩短甚至省略无声的间隔。这样，它的歌唱就会变得持续不断，但依旧会保持音量递增和递减的交替转换。第一个音节大约会在早上七八点钟的时候响起，在晚上暮色笼罩之时，这支管弦乐队才会停止演奏。音乐往往会持续一整天。但在天色昏暗或冷风吹拂的日子里，蝉便会停止鸣叫，缄默不语。

第二种蝉，个头只有常见蝉的一半，普罗旺斯人叫它"咔咔"，恰如其分地反映了这种昆虫的叫声。这种花榕树蝉要比常见的蝉更加小心和多疑。它的歌唱尖锐且洪亮，由一连串"咔！咔！咔！"的叫声组成，中间没有停顿。它的叫声单调而尖利，是最令人讨厌的一种声音，尤其在它们组成一支有几百只蝉的大乐队的时候。盛夏时节，它们就常常在我的两棵法国梧桐树上鸣叫不迭。那叫声就好像一袋干核桃在袋子里摇晃不止要把壳撞破。这种令人痛苦不已的音乐会只有一点好处可以用来聊以自慰：它们不像常见蝉那么早就开始鸣叫，也不像常见蝉那样鸣叫到很晚。

尽管它们的构造基本上跟常见蝉相同，但其发声器官的特点使得它们的歌唱有所不同。它没有压住入口的音室，所以也就没有了音窗。音钹是裸露在外的，就在后翼跟身体的连接点下面，可以很清楚地看到。音钹是一块干燥的白色膜片，向外突出，有五根褐色脉络贯穿其中。

从它腹部的第一节那里，向前探出一个又短又宽的舌状簧片，簧片的一端靠在音钹上。这个舌状簧片就像是木铃的簧片，但它不是搭在旋转齿轮上，而是靠在振荡的音钹上。我推断，就是这一事实造成了它尖锐刺耳的叫声。我们很难将这昆虫抓在手里来验证这个推测，因为它受惊后发出的叫声跟平常不一样。

它的两块制音盖并不重叠，中间隔着一个较宽的空间。再加上腹部的附件——舌状簧片，它们将音钹遮盖了一半，另外一半则完全裸露在外。在我的手指的压力下，它的腹部会向着它跟胸部的连接处稍微张开。但这昆虫在歌唱的时候却是一动不动的，不像常见蝉那样，腹部会急速振动来调整它的音调。它的"小教堂"很小，其充当共鸣器的作用几乎可以忽略不计。就像常见蝉那样，它也有"镜子"，但非常小，几乎不到一毫米。总之，这个在常见蝉那里得到高度进化的共鸣器官，在它这里却是十分原始的。那么，这个羸弱的音钹振荡又是如何变得愈来愈响以至于让人无法忍受的呢？

原来，这种蝉会使用腹语术。仔细观察它的腹部，我们会发现它腹部的前面三分之二处是半透明的。其余的三分之一则在演化过程中逐渐退化，仅仅担负繁衍种群和保存个体这些不可或缺的功能。将这三分之一的腹部剪掉，余下的腹部有一个宽敞的空腔，外围仅有一层表皮，唯有在背面排布着一层薄薄的肌肉，目的是维护像一根丝线那样精细的消化道。这个大空腔的体积接近整个蝉身体的一半，里面几乎完全是空的。在空腔后部，我们可以看到音钹的两根活动肌腱，它们呈 V 字形连在一起。在肌腱的左右两个点上，有一个"小镜子"在那里发光。整个空腔一直延伸到前胸那里。

它的叫声之所以刺耳，似乎要归功于那个压在振动音钹脉络上的舌状簧片。蝉叫声的强度无疑就是腹部放大共鸣器造成的结果。我们必须承认，只有真正对歌唱充满热情的昆虫，才能空出胸腔和腹部，从而为音室腾出足够大的空间。为了增加共鸣腔的放大性能，那些维持生命的必要器官则挤在身体的一角，变得十分细小。歌唱第一，其他事情都得让位。

幸运的是，这种蝉没有遵循进化的规律。如果它们一代比一代更热衷于歌唱，在演化过程中，它就能获得一个堪比我的纸制喇叭的腹部共鸣器。那样的话，法国南部迟早都将变得无法居住，它将占领整个普罗旺斯。

在讲过常见蝉失声的细节之后，对于令人无法忍受的咔咔蝉，我们似乎没有必要再做复述。它的音钹可以被清楚地看到，用一根针头刺入其中，它立刻就默不作声了。如果在我的法国梧桐树上，混在这些昆虫中间，有一些像我一样喜欢安静的朋友专门来从事这样的穿孔工作，那该有多好啊！但是，在收获的季节中，这样的音律是不可或缺的。

我们已经熟悉了蝉的音乐器官，现在问题来了，它们拼命歌唱的目的是什么？答案似乎显而易见：雄性蝉在召唤它们的配偶，这是情人们的大合唱。

这个答案合情合理，但我打算对它进行验证。三十年来，常见蝉和它的朋友——音调离谱的咔咔蝉，强迫我加入它们的队列中。每年夏天至少有两个月的时间，我都在它们的大合唱中度过。如果说，我不是很情愿聆听它们的歌声，那么至少，我在观察它们时是兴致盎然的。我看到，它们在法国梧桐的树皮上排成一排，高昂着头，雌雄混杂在一起，相距只有十厘米左右。

它们将喙插入树皮，一动不动地啜饮起来。随着树荫的移动，它们也会缓慢地沿着树枝移动，这样就可以始终处在光照最亮、热量最足的一面。不管它的喙有没有在啜饮，歌唱始终不会被打断。

我们能不能将这种无休止的歌唱当成是热情奔放的情歌呢？我有些犹豫。在它们的集会中，异性就在旁边。有谁会花费几个月时间去呼唤一个就在身边的异性呢？还有，我从来没有看到过哪个雌性蝉会闯入哪怕是最振聋发聩的交响乐中。视力足以成为求偶的先决条件，而它们的视力又很不错。情人没有必要无休无止地召唤，它的佳丽就在身旁。

那么，歌唱是不是一种吸引异性、打开对方心扉的手段呢？我很怀疑。我没有看到任何迹象表明雌性蝉会对此表示心悦诚服。尽管它们的情人已经用最振聋发聩的激情去拨动自己的音钹，但雌性蝉的脚上从来没有出现过颤抖或摇摆的现象。

我的农民邻居们说，在收获的季节，蝉对他们唱的是"收割！收割！收割！"那是在为他们打气。无论是思想的收获者，还是麦穗的收获者，我们听到的是同样的召唤。后者收割的是身体的粮食，前者收割的则是思想的粮食。因此，我对他们的解释心领神会，也被这解释的简洁与优雅所折服。

科学寻求的是一个更合理的解释，但这些昆虫却对我们封闭了它的世界。它们究竟为什么要撩动音钹，热情讴歌？我们无法弄清楚。我最多只能说，它们无动于衷的外表似乎给人一种完全冷漠的印象。我不确定是否一定这样，这种昆虫的私密情感是一个无法解开的谜团。

　　另一个令人疑惑的理由是所有对歌声敏感的动物都有敏锐的听觉。这个敏锐的听觉，就像一个警惕的哨兵，稍有响动就是危险的警报。鸟类就有这样精妙的听力。一片树叶在树枝间晃动，或者两个路人在附近说句话，它们就会突然安静下来，变得警惕不安。但蝉却完全不是这么回事。它具有出色的视力。大大的复眼能看到周边发生的所有事情，望远镜一般的单眼能探察到头顶的空间。它看到我们走近，就会立刻噤声并仓皇飞走。我们走到它躲藏的树枝后面，小心翼翼地站到它看不到的地方，然后我们说话，吹口哨，拍掌，敲击两块石头。如果换作是一只鸟，它早就停下鸣叫飞走了，蝉却不为所动，继续歌唱，就好像什么事也没发生一样。

　　类似这样的经历，我只想举出最为难忘的一桩。

　　我从市政厅借来了礼炮，礼炮是那种在节日里鸣放的装火药的铁盒子。为了那些蝉，炮手很高兴地装上火药，预备在我屋前放炮。总共有两个塞满火药的铁盒子，就像是为一场隆重的狂欢而准备的。在盒子里装这么多火药，那些举行竞选的政治家也从没得到过这样的礼遇。为了防止家里的窗户被损坏，我将窗子都打开。两个礼炮就放在我家门前的梧桐树下，没有做任何的隐蔽措施。在树枝上高歌的蝉看不到下面发生的事情。

一共有六位观众兼工作人员，我们在等待一个相对安静的时刻。我们每个人都记下了蝉的数量，以及鸣叫的音量和节奏。我们整装待发，密切监听着这支空中乐队。一声雷鸣，盒子爆炸了。

爆炸声对树上的蝉毫无影响。蝉的数量没有改变；它们歌唱的节奏没有改变；音量也没有变化。六个见证人一致同意：这场热闹的爆炸对蝉的歌唱没有造成丝毫的影响。第二次爆炸也得到了相同的结果。

这支乐队不为所动，对巨大的声响毫无警戒之举，从中我们可以得到什么样的结论呢？我们该不该下结论说蝉是聋子呢？我不敢贸然这样说，但如果有人做出这样的判断，我实在也不知道该拿出什么样的理由反驳他。我至少得被迫承认它的听觉不灵敏。

在乡间的碎石小道上，蓝翅蟋蟀陶醉在阳光下，用它强壮的后腿摩擦粗糙的鞘翅边缘，从而发出声响；雨水将临，绿色的青蛙在灌木丛的树叶间鼓起嗓子，不停地叫嚷。这个时候，它们都是在召唤不在近旁的配偶吗？绝不可能。蟋蟀摩擦发出的声音很小，几乎听不到；而青蛙的洪亮嗓音也是在做无用功，并没有同伴闻声而至。

昆虫到底是否需要发出这种嘹亮的声音来表明它的求偶激情呢？参考大多数昆虫，两性的结合只会让它们默不作声。从蟋蟀的小提琴、青蛙的风笛和咔咔蝉的音

钹中，我看到的只是它们在用自己的特殊方式表达生命
的喜悦——每一种动物都通过各自的方式来表达这共同
的喜悦之情。

如果你告诉我，蝉演奏它们的乐器，不管自己发出
的声音是多么喧闹，为的只是宣泄活着的快乐，就像我
们在满足的一刻会搓起双手一样，对这种说法，我应该
不会感到特别惊讶。如果说，在它们的狂欢中，还有
第二个目的——引起不会发声的异性注意，那倒是非常
有可能，也非常合情合理。但这种说法毕竟还没有被
证实。

螳螂捕食

南方还有一种动物，跟蝉一样新奇有趣，但因为它不发声，所以没有蝉那么出名。如果上帝赐予它音钹这个出名的首要条件，它会很快让那个著名的歌手相形见绌的。它的形状是如此古怪，行为又是如此独特。普罗旺斯人称之为 lou Prègo-Diéu，意思是向上帝祷告的动物。它的学名叫薄翅螳螂。

科学术语和农民的词汇曾经是相互吻合的，都把螳螂看成是一位传达神谕的女祭司，或者是一位沉浸在神秘极乐中的苦行者。这样的比喻来自远古时代。古希腊人把螳螂称为占卜师或先知。农田里的劳作者对类比也很在行，他总能在模糊的事实基础上添油加醋。在太阳暴晒的草地上，他看到一种昆虫姿态庄严，威风凛凛。那宽大精致的绿色翅膀就像长长的亚麻纱巾拖曳在它的身后；它的前肢，也就是手臂，以祈求的姿态升向天空。这就够了。剩下的，民众早就用想象给填补上了。因此，从远古时代起，荆棘丛中早就遍布着发布神谕的女祭司和祈祷的修女了。

善良的人啊，孩童般的简单将你们引入歧途！在这些祈祷的姿势背后隐藏着的是最凶狠的习性。这些祈求的手臂实际上是致命的武器；这些手指毫无温情可讲。相反，它们是用来猎杀不幸的过路者的。我们以为它属于直翅目中的素食家族，但它是一个专以捕杀猎物为生的例外。它是昆虫世界中的猛兽，一个埋伏着等待鲜活贡品的食人魔。要是它足够强壮，嗜血的天性和完美的捕杀本领定会将它造就成一个田野恶魔，这个祷告者将会变成一个邪恶的吸血鬼。

除开它致命的武器，螳螂一点也不会令人感到害怕。它的外形不乏雅致：纤细的身体、优雅的细腰和嫩绿的颜色，还有一对长长的、轻盈的翅膀。它没有那种张开像剪刀那样的凶残下颚，相反，那是一张尖尖的精致小嘴，像是用来啄食和叫唤的。多亏安在胸廓上方的那个灵活的脖子，它的头能够左右转动，上下俯仰，就像装在一个转轴上一样。在昆虫中，只有螳螂能够引导自己的视线。它观察、凝视，看上去好像还面带表情呢。

它的整个身体带有温和的特性，跟它残忍的前肢形成巨大的反差。它的腰身通常细长而有力，有利于它主动出击，将自己的活钳甩出去，而不是坐等猎物自投罗网。它的钳子上还有装饰，在靠近腰身的内侧，装点有一个美丽的黑圈，黑圈上面散落着一些小白点，外加几行珍珠形的小圆点，这就是它所有的装饰品了。

它的大腿就像是一个长长的扁平纺锤，前半段的下方带有双排锯齿。里面一排含有十二根长与黑、短与绿相间的锯齿。锯齿长短交错，抓取效果就会更好。外面一排就简单多了，只有四个锯齿。在双排锯齿的后面，还有三根针状的钉刺，它们是所有刺中最长的。总之，它的大腿就是一把带有双排刃口的锯子，刃口中间形成一个凹槽，小腿弯折起来时可以放在里面。

一个非常灵活的关节将螳螂的小腿和大腿连接起来。它的小腿也是一个双刃锯，但锯齿更小且数量更多，锯齿的间距也更紧密。在小腿末端有一个硬钩，钩尖跟最好的钢针一样锐利。钩里有细槽，细槽两侧有像修剪刀那样的双刃。

这个钩子极擅长刺入和撕裂，它们也时常在我身上留下印记。我刚逮住这家伙，它就会反过来钩住我，因为两只手忙不过来，我还经常不得不叫人帮忙，将我从这个顽强的俘虏的爪下解脱出来。如果在没有将刺入的钩子拔出来之前，就想要用蛮力脱身，结果就会造成撕裂的伤口，就像被玫瑰花刺扎过一样。再没有比这更难对付的昆虫了！螳螂将它的钩针刺进你的皮肤，将它的刀刃扎进你的血肉，像钳子一样夹住你，这时候想脱身几乎不可能，除非掐死它。但这样，你活捉它的计划就落空了。螳螂休息时会将它的武器折起，搁在胸口，看上去毫无侵犯之意。这昆虫看样子就像在祈祷。但当猎物靠近，这个祈祷者的姿态马上为之一变。突然之间，它展开三节长长的致命前臂，抛出利爪，勾住猎物，将猎物拖回到大腿的两把锯子之间。它的钳子合上，收紧，然后一切就结束了。蟋蟀、蝗虫，甚至更凶猛的昆虫，一旦被这个带有四排利齿的夹子钳住，就彻底丧命了。无论猎物怎样疯狂挣扎，这可怕的毁灭机器都不会放松它的钳子。

　　在野外，我们无法对螳螂的习性进行不间断的研究，必须将它饲养在室内才行。这并不困难，只要将它的肚子喂饱，螳螂并不介意被关在玻璃罩下。每天给它提供美餐，它也就不怎么怀念它的故乡了。

　　我用一打金属网罩做笼子，这些罩子跟那些挡苍蝇的橱柜网罩差不多。每个笼子都放在一个装满沙子的托盘上。加上一簇干的百里香，一块以后用于产卵的扁平石头，这个居住地就布置完成了。这些笼子排成一排，都放在我的昆虫实验室的大桌子上。在那里，白天大部分时间它们都能晒到太阳。我将螳螂分别装进笼子里，有的单独装在一个笼子里，有的好几只装在一个笼子里。

　　到了八月下旬，我才开始在枯草地上和路边的荆棘丛里找到成年的螳螂。那些肚子鼓鼓的雌性螳螂一天天地多了起来，而它们苗条的伴侣则有点稀少，我时常要花很多工夫才能给笼子里的雌性配对，雄性螳螂被吃掉的惨剧经常会发生。但我们稍后再来讲这个，先讲讲雌性螳螂吧。

雌性螳螂的食量很大，并且这样的情况要持续几个月的时间，喂养它很不容易。每天必须更换新的食物，因为大部分食物都会被它嫌弃，扔到一边。在它的灌木丛家乡，我相信它会更加节约。因为那里的猎物并不是很多，所以它毫无疑问会把猎物吞食一空。但在我的笼子里，食物唾手可得。经常在吃了几口之后，这只昆虫就将美食弃置一旁，失去了兴趣。可能是囚禁让它感到厌倦吧！

要满足它们的奢侈食欲，我必须找一些帮手。在果酱、面包和西瓜的收买下，附近两三个还没工作的年轻人在草地上日夜搜寻，他们将活着的蝗虫和蟋蟀装满狩猎包——用芦苇编制的小笼子。而我呢，手里拿着网兜，也每天到院子里翻找，想为我的客人找一点上等的野味。

这些特别的野味最后让我明白，螳螂究竟有着怎样的活力和胆量：什么样的食物都敢吃。它们中有灰蝗虫，个头比雌螳螂还大；白面螽斯，它的大颚强壮有力，我们都要小心手指别被它咬到；模样古怪的蚱蜢，头上戴着金字塔形的帽子；葡萄树距螽，它的音钹会发出嘎嘎声，圆筒形的肚子下端还长着一把大刀。在这些各式各样难以下咽的野味中，还要加上两个恐怖之物：一个是圆网丝蛛，它的肚子像个圆盘，大小跟一先令的硬币差不多；还有一个是多毛的冠冕蛛，大腹便便，令人生畏。

当我把野味放到金属丝网罩下的螳螂面前，它都会大胆迎战。看到这一幕时，我没有任何理由怀疑，在自然状态下，它也会这样攻击对手。就像被关在笼子里时得到我的大方赏赐一样，在灌木丛中潜伏等候时，它一定也会收获机缘赐予它的奖赏。这样的捕猎可不是儿戏，充满着危险，虽然在野外机会有限——这可能也是螳螂最大的遗憾，但这必定也是它日常生活的一部分。

各种各样的蝗虫、蝴蝶、蜜蜂、苍蝇以及其他中等大小的昆虫都是螳螂的猎物，它们常常掉入螳螂那残忍的臂弯里。在我的笼子里，我从来没看到这个大胆的猎手在其他动物面前退缩过。灰蝗虫、螽斯、圆网蛛和蚱蜢迟早会被螳螂抓住，被夹在它的锯齿中无法动弹，并且被它津津有味地咀嚼和吞食掉。这个过程值得细细道来。

看到有一只大蝗虫贸然从网罩那边靠近，螳螂抽搐一般地抖动了一下，突然摆出一个可怕的架势。就算遭到电击都无法产生如此迅猛的效果。转变是如此突然，架势是如此吓人，一个还不适应的观察者可能会一下子把手缩回，怕遭遇危险。就连我这样的老手也不得不承认，有时候自己心不在焉时，也会被这种情形吓一跳。这只昆虫就像魔盒里的怪物那样，突然弹起来摆开了阵势。

螳螂的鞘翅张开，斜展向两边；它的翅膀完全打开，像两片平行的透明网纱那样竖立，形成一个倒三角垂吊在背上；它的腹尾像曲棍那样向上卷起。然后，它又放下翅膀，伸直身体，发出一种"扑哧扑哧"的声音，就像昂首阔步行走的火鸡羽毛所发出的声音，又让人想起受到惊吓后的蝰蛇的喘息声。

螳螂傲然地用四个后爪跨立着，身体几乎与地面保持垂直；原先收起并交叠在胸前的前臂完全打开了，跟身体形成一个十字形，露出腋下几排珍珠点以及一个中心带有白色的黑圆点——这几个圆点恍如孔雀尾巴上的斑纹，带有乌木凸纹的质感。这是它的纹章，平常它都收藏着，开战时为了让自己看起来杀气腾腾、卓绝不凡，才暴露在外，炫示一番。

螳螂一动不动地保持着这奇特的姿势，它目光专注地审视着蝗虫，当对手移动位置时，它的头就像在一个转轴上一样，也微微地转过去。这个姿态的用意似乎很明显，恐吓强大的对手，震慑住它，让它像陷入瘫痪一样，不敢动弹。如果对方没有被吓住，那可能说明对手十分危险。

那雌性螳螂有没有吓住它的猎物呢？在螽斯闪光的脑门下，在蝗虫长长的面孔后面，谁能看清那里究竟发生了什么？这些刻板的面具显示不了任何情绪。但似乎可以确定，这些受到威胁的昆虫意识到了自己的危险。它们看到了眼前这个突然蹦出的怪物，爪子全都张开着，准备要扑向它们；它们感到死亡就在面前，虽然还有时间，却没能逃跑。这个大腿粗壮、擅长跳跃的运动健将本可以轻易逃脱螳螂的魔掌，但它却傻乎乎地匍匐在原地，甚至还踮着脚缓缓靠近。

据说，幼鸟会被蛇张开的大口镇住，或者被蛇的凝视所蛊惑，像瘫痪了一样，任由自己从窝里被抓走。蝗虫的举止几乎跟幼鸟一模一样。一旦它处在螳螂的捕猎范围内，螳螂就会将自己的钩子甩出来，带着尖牙利齿扑向蝗虫，并将自己的双面锯合拢。蝗虫被钳子夹住，无法动弹，只能徒劳地挣扎，拼命地蹬腿，张开大颚乱咬一气。蝗虫的气数已尽。螳螂收起战旗——它的翅膀，恢复到平常的姿势，开始用餐。

比起灰蝗虫和螽斯，螳螂攻击蚱蜢和距螽的危险系数就要小得多。它的姿势也不会摆得那么强势，进攻所用的时间也比较短，通常只要甩出爪子就足够了。对付蜘蛛也是如此。只要抓住蜘蛛身体的中间部位，就不用担心它的毒爪。那些更小的蝗虫，无论是在野外还是在我的笼子里，都是螳螂的日常食物。对付它们，螳螂很少动用恫吓手段，而是在它们漫不经心地经过面前时，它一把将这些昆虫抓住就行了。

被抓住的昆虫可能会激烈地抵抗。这时候，螳螂就会摆出一个姿势，随时能用爪子更加稳、准、狠地击打它们，使其惊恐、惶惑或着魔。螳螂的钳钩凌驾于那无从抵御、一蹶不振的猎物。就这样，对方被这突然摆出的古怪姿势给吓愣了。

在螳螂这个古怪的姿势中，它的翅膀起了最关键的作用。它们张开得很大，边缘是绿色的，其他部分都是无色半透明的；翅膀上面有很多脉络纵向穿过，像扇子一样展开着；还有很多更纤细的横向翅脉，与纵向翅脉成直角，形成大量的网格。在这个姿势中，翅膀展开并直立，两个平行面几乎能够相互触碰到，就像蝴蝶休憩时的翅膀。在两个翅膀之间，它的腹部末端迅速地卷曲和伸展。腹部不断摩擦翅膀脉络，发出噗噗的声音，我曾经将它比作蝰蛇在防卫时所发出的声音。只要用指甲尖迅速拂过翅膀的正面，就能模拟出这种奇怪的声音。

灰蝗虫和螳螂的个头大小差不多，甚至还要更大一些。在几天没有进食的饥饿状态下，螳螂会将灰蝗虫整个吞食殆尽，只剩下过于干燥的翅膀，两个小时足以结束这场盛宴。但这样的狂欢是少有的，这样的情形我见过两三次。每次我都问自己，这个暴食的家伙哪来那么大的胃，容得下这么多食物，它究竟是怎样颠覆容器必须大于内容物这个公理的。我只能钦佩它超常的肠胃，食物一吃进去马上就被消化和溶解殆尽。

在我的笼子里，螳螂的日常食物是各种不同种类的蝗虫，大小差异很大。观看螳螂啃噬蝗虫是一件十分有趣的事情。它会用两只锐利的前臂组成一把钳子，夹住蝗虫，尽管它的小嘴尖尖的，似乎并非为这样的暴虐而生，却很快将除了翅膀之外的整个蝗虫吞食一空，翅膀根上有点肉的部位也被吃掉了。蝗虫的大腿、爪子以及角质外皮，统统都被吃光。有时候，螳螂抓着蝗虫粗壮的后腿送到自己的嘴边，接着就开始啃咬、咀嚼，给人一种大快朵颐的感觉。对螳螂来说，鼓鼓的大腿很可能就是蝗虫身上最美味的地方，就像我们吃的羊后腿一样。

螳螂最初的攻击点在猎物的颈部。它会用一只尖利的爪钩抓住猎物身体的中部，用另一只爪子按着猎物的头。这时，猎物的背部和颈部就被稍稍拉开了一点距离，螳螂便趁机啃咬这个薄弱的口子，绝不轻易松口，猎物的颈部最终形成了一个大伤口。因为蝗虫的头部神经受到了损伤，它的挣扎逐渐减弱，最后，它变成了一具一动不动的尸体。这只食肉动物放松了下来，一口接一口从容地吃了起来。

螳 螂 的 交 配

就我们目前对螳螂的这点了解而言，螳螂跟它的俗称并不相称。"向上帝祷告的动物"这个称呼让人联想到的是一种温和的动物，它虔诚而内敛，致力于沉思与冥想。然而，我们观察到的却是一只凶残的食肉昆虫——在采用恫吓手段震慑住猎物后，它会啃噬对方的头颅。但我们随后就会了解到，它还有更恶劣的一面。在对待同类方面，螳螂甚至比臭名昭著的蜘蛛还要残暴。

为了减少实验室大桌子上的笼子数量，给自己腾出更多的空间，同时又要保持一定的昆虫数量，我将几只雌性螳螂装到了一个笼子里。这个住处的空间足够大，方便它们到处转悠。其实，它们因为吃饱了，所以不是很喜欢走动。雌性螳螂一动不动地靠在金属网罩上，在那里消化食物，或者等待着一个途经的猎物。总之，它们的日子过得跟在野外也差不多。

同居是有危险的。当食槽里的草料不够时，平素一向温和的驴子也会争斗起来。在食物不足的当口，我的食客也会变得脾气暴躁，相互争来斗去。但我很小心，总是在笼子里放不少蝗虫，一天添加两次。在这种情况下，如果还爆发内战，那么就不可能是由饥饿引起的。

一开始，事情进展得还比较顺利。同伴们和平共处，每只螳螂都各自扑向身边的食物，独自享用。但这种和谐的景象并没有维持多久。这些昆虫的肚子渐渐胀大，卵巢里的卵子成熟了，求偶和产卵的日子也临近了。尽管笼子里并没有雄性昆虫引发雌性之间的竞争，但一种嫉妒的愤恨还是在雌性螳螂的身上如期而至。胀大的卵巢将雌性螳螂引入了歧途，驱使它们产生了相互吞噬的疯狂欲念。它们有的相互威胁；有的恐怖地对峙；有的激烈厮杀。恐怖的姿势，翅膀的摩擦声，以及高举爪钩的凶险动作再度在螳螂身上出现。就算在灰蝗虫或白面螽斯面前，雌螳螂的恐怖模样也不过如此。突然之间，不知道为什么，两只螳螂摆出了打架斗狠的姿态。它们将头左右转动，像是在挑拨和侮辱对方；腹部摩擦翅膀的噗噗声就像在积聚力量。然而，这场决斗在它们互相抓了对方一下之后就宣告结束，没有造成严重的后果。螳螂一开始弯折着的凶残爪钩像书页一样打开，伸到身体的两侧保护腰腹，这姿势很绝妙，但比起那些殊死搏斗的姿势，就没那样恐怖了。

接着，螳螂的一只爪钩突然飞了出去，击打对手，并迅速地收回，摆出防卫的姿态；对手也报以还击。这剑术不禁让人想起两只猫相互击打对方耳朵的情形。如果在它柔软的腹部稍有出血的迹象，甚至轻微伤口时，这只螳螂就认输屈服，退出战斗。另一只螳螂也会收起战旗，跑到别处，寻找捕捉蝗虫的机会。它虽看似平静，但其实随时准备着重新开战。

很多时候，结局要比这悲惨得多。在殊死的决斗中，那些攻击的姿势会表现得淋漓尽致。螳螂凶残的爪钩展开着，高高举在空中。可怜的战败者！因为战胜者会把它抓在钳夹中，并立马开始啃咬它。不用说，战胜者会先从对方的颈背下手。这顿大餐进行得非常平静，好像跟大口咀嚼蝗虫没什么两样。就像狩猎比赛一样，战胜者享用着它的战利品——它的姊妹。旁观的螳螂没有抗议，一有机会它们也很愿意这样做。

残忍的动物！人们说，狼都不会同类相残。螳螂是如此粗野，即便它最爱的美味——蝗虫就在身边，唾手可得，它照样会吃掉它的同伴。

我们如果继续观察，还会发现令人厌恶至极的情况。让我们来探究一下这个昆虫在繁殖期的习性。为了避免一群螳螂相互混淆，我们把成对的螳螂放进不同的笼子里。这样，每一对螳螂都会有它们自己的住处，它们的蜜月期就不会受到干扰。我们还不能忘记给它们提供充足的食物，在接下来发生的事情中，饥饿的因素就可以被排除了。

到了八月底，纤细优雅的情人雄螳螂感觉时机到了。它对强壮的伙伴顾盼流连；它将头转向对方；它低下脖颈，抬高胸脯；它尖尖的小脸看上去似乎带着某种表情。在很长时间内，它会这样一动不动地站着，沉默地想着那个佳偶。而后者却很冷淡，不为所动。但这情人还是抓住了一丝对方同意进行交配的迹象，但我并不知道其中的奥秘在哪里。它靠近了，突然立起自己的翅膀，抽搐般地振动不止。这是它在示爱。随后，它跳了起来，扑到了肥壮的配偶的背上，然后紧紧地抱住对方，稳住自己的身体。这个交配的前奏通常需要很长的时间，而交配本身有时候也会持续五六个小时。

在这段时间里，没有什么能引起这对交配中的螳螂的注意。最后，双方分开了，但很快它们又以一种更加亲密的方式黏在一起。如果说，这个可怜的情人是因为能为卵巢提供精子而被它的情人爱上的，那么我们也不妨说，后者爱上它更因为它是上等的美味。就在当天，最迟到第二天，雄螳螂就会被它的配偶抓住。按照惯例，雌螳螂会先啃噬它的颈背，然后有条不紊地一口一口吞食它。最后，雄螳螂只剩下翅膀没被吃掉。这里没有嫉妒的因素，有的只是另一种变态的欲望。

我很好奇，一只刚受孕的雌螳螂对第二只雄螳螂会采取什么样的态度。探究的结果令人反感。在大多数情况下，雌螳螂对交配和盛宴从不厌倦。经过不同时长的休息后，不管它有没有产卵，雌螳螂都会开始迎接第二只雄螳螂，然后像第一次那样将它吃掉。第三只雄螳螂前赴后继，在完成了它的职责后，又变成了一顿美餐。第四只雄螳螂遭遇了同样的命运。在两个星期的时间里，我看到同一只雌螳螂以这种方式吃掉了七任配偶。雌螳螂允许每一只情人跟它交配，为了一场新婚的狂欢，雄螳螂全都付出了生命的代价。

虽然，偶尔会有例外，但这样的狂欢发生的频率很高。在炎热的日子里，空气中弥漫着紧张的气氛，这种狂欢更是成了一种惯例。螳螂在这样的天气里会变得躁动不安。在被成群关押的笼子里，雌螳螂会更加频繁地相互吞食；然而，在被成对关押的笼子里，交配完成之后，雄螳螂会立刻被吞食掉。

为平复这些暴行给我带来的冲击，我不禁设想，它们在野外或许不会这样行事。雄螳螂在履行完它的职责后，完全有时间走开，逃得远远的，远离那个可怕的配偶。因为在我的笼子里，它有一个被缓期执行死刑的时间，通常是一整天。在路边和灌木丛里到底发生了什么，我无从知晓，因为我从来没有在野外看到过螳螂的交配场景。我不得不在室内观察这样的事情。那些俘虏们在吃饱喝足后享受着充足的阳光，住得也很舒服，看不出有半点思乡之情。它们在笼子里的行为应该就是在正常条件下的行为。

　　唉！事实让我不得不放弃雄螳螂有时间逃跑的观点。有一次，我惊讶地看到一只雄螳螂紧紧抓着配偶，显然正在履行它的重要职责，但它却没有头，没有颈，连胸腔都所剩无几！雌螳螂的头靠着对方的肩部，正若无其事地啃着配偶剩余的躯体。然而，那个雄螳螂的残余部分紧固在雌螳螂的身上，继续履行着它的职责！

　　人们常说，生命诚可贵，爱情价更高。就字面意思来说，从来没有哪句名言得到过如此惊人的印证。一只昆虫被削去头颅，胸部中段以上都被截去，就是这样一具躯壳还在挣扎着播种新生命。只要那个生殖器官所在的部位——腹部——还没遭到袭击，它就不会停止交配。在交配之后将配偶吃掉，把那个精疲力竭从此以后别无用处的雄螳螂当成一顿美餐，这个习性并不难以理解，谁又能去指责没有什么感情的昆虫呢。但在交配的过程中将配偶吞食掉，这是再邪恶的头脑也想象不到的。我却目睹了这样的场景，至今想起，我还惊魂未定、心有余悸。

　　那么，在交配过程中受到这样残酷的攻击，这只昆虫能否逃走，挽救自己的生命呢？不能。我们必须得出结论，螳螂的交配和蜘蛛一样，具有很强的悲剧性，甚至更甚。我不否认，造成雄螳螂被屠杀，笼子的区域限制可能制造了一个有利的条件，但这场悲剧的根本原因我们需要到别处去找。

　　这可能是从石炭纪开始就遗留下来的习性。那时候，昆虫世界通过大肆繁殖逐渐成形。螳螂属于直翅目昆虫，而直翅目是昆虫世界最先诞生的一个类目。它们在草木树叶间游荡，由于当时还没有发育完全，动作十分笨拙。那时候它们已经兴盛了起来，因为更复杂形态的昆虫还没出现：没有蝴蝶、金龟子，也没有苍蝇、蜜蜂。在那样一个时期，昆虫举止野蛮，行为残暴。作为对远古祖先的遥远呼应，螳螂可能很好地保存了昆虫早期的那些生存习性。

　　螳螂家族的其他成员也存在着这种以雄性为食的习性。我必须承认，这是一个普遍的习俗。个头小小的灰螳螂待在笼子里时看上去人畜无害，尽管那里拥挤不堪，它却从不去伤害邻居，但就像薄翅螳螂一样，它也会凶残地捕食伴侣。为了给雌性螳螂提供不可或缺的配偶，我已经筋疲力尽了。那些翅膀强健、活力满满的雄螳螂被放入笼子里没多久，雌螳螂便会在完成交配后，将它吞食殆尽。一旦繁衍的欲望得到了满足，这两个种类的雌螳螂就会对雄性产生憎恶，仅仅将它们看成是一顿美餐。

螳 螂 的 窝

　　说完这种昆虫的爱情悲剧，让我们来看看它们更令人愉悦的一面吧。螳螂的窝简直是一个奇迹。科学术语称之为"卵盒"。我不想用这样古怪的字眼。人们在说到山雀窝的时候，并不说它是山雀的"卵盒"，我何必在说螳螂窝的时候让人联想起盒子呢？它或许看上去更有科学性，但这无法引起我的兴趣。

　　凡有朝阳的地方，几乎到处都可以找到螳螂的窝：石头、树木、葡萄树根、灌木枝和干草茎；甚至人造物上都有，例如砖块、破布和旧靴子的皮革。只要物体的表面凹凸不平，能够把螳螂窝的底座粘住，能够提供一个结实的基础，任何有支撑的地方都可以筑窝。螳螂的窝通常有四厘米长，两厘米宽，或者比这稍大一些。窝的颜色是淡棕色，近似于麦粒的颜色；跟火苗接触时，它很容易燃烧，并散发出一种像丝绸燃烧时的气味。实际上，螳螂窝的材料确实类似丝绸，但不是拉长成丝的，而是像海绵状的泡沫一样凝固成一团。如果这个窝被固定在树枝上，它的底部就从树枝蔓延开来，包裹住旁边的枝条，根据支撑物的不同而呈现不同的形状；如果这个窝被固定在平面上，窝的底面就是支撑面，是平的，这时候，窝的形状就是半椭圆形。也就是说，一头像被切开的熟鸡蛋，多少有点粗钝，另一头则是尖尖的，有些还呈卷曲短尾状。

在以上所有情况中，窝朝上的一面总是有规则地凸起，我们可以很明显地区分出三个纵向区。中区要比其他两个区更狭窄，由像瓦片一样的两个重叠小薄片构成。这些薄片的边缘是松动的，留出两行缝隙，小螳螂孵化时就从这缝隙中爬出来。在刚被废弃的窝里，这个中区覆盖着精细的蜕皮，微风一吹就会颤动，这些蜕下的皮暴露在空气中，很快就会消失。我把这个区域称之为出口区，因为只有沿着这条预留的狭带，小螳螂才能爬出来，获得自由。

作为众多后代的容身之处，这个摇篮的其余部分都是牢不可破的壁垒。螳螂窝两侧的表面密不透风，刚孵出的小螳螂非常虚弱，不可能从这样坚固的壁垒中闯过去。在壁垒内侧的表面上，有一些很精细的横向纹沟，显示出这个窝壁是分层的，而螳螂卵就分布在这些窝壁里面。

将窝横向切开，我们看到，卵块形成了一个细长的硬核，底部和两侧都包裹着多孔厚皮，就像是固化了的泡沫。卵上面是弯曲的薄片，排列极为紧密，几乎没有空隙，薄片的外端就是由两行重叠小鳞片构成的出口区。

螳螂的卵就被包裹在一层淡黄色的角质里。它们沿着圆拱分层排列，头部向着出口区。从这种排列方式，我们就可以看出小螳螂出窝的方式。新生幼虫就是从硬核的延伸处，也就是从两片相邻薄片的缝隙里钻出来的；它们会找到一个狭窄的通道，虽然也不是很容易通过，但考虑到那个我们一会儿会提到的奇特工具，顺利通过这个通道还是不成问题的；随后，它们就会抵达那个出口区。在那里，重叠的小鳞片下有两个通道出口，每一层卵都要途经此处，一半幼虫会从左侧通道出来，另一半从右侧通道出来。每一层卵都要从一端穿到另一端，过程都一样。

除非眼前就有一个螳螂窝，否则我们很难搞清楚它的详细结构。现在，让我们来总结一下吧。沿着窝的中心线，卵块聚集成形，形状就像枣核。一层固化泡沫样的保护皮层包裹着这个核心，只有在顶部，即皮层中心线以上，这个多孔皮层才会被重叠的小叶片代替。这些叶片的外缘会形成一个出口，它们相互重叠，形成两行鳞片，上面给每一层卵都留有两个状如缝隙的出口。

亲眼看到螳螂窝的构建过程，了解螳螂是如何构建出如此复杂的结构，这是我的研究最为关心的问题。虽

然过程困难重重，但最终我成功了。因为螳螂产卵没有
预警，并且几乎总是在夜里，在做了大量的无效努力之
后，机会终于垂青于我。九月五日下午四点，一只在八
月二十九日受孕的螳螂开始在我眼皮底下做产卵前的
准备。

在继续详述我观察到的产卵过程之前，需要先做一
个声明：我在实验室里获取的众多螳螂窝，无一例外，
都是建造在金属网纱上的。我曾为它们悉心预备了粗石
和百里香，这些都是它们在野外很常用到的窝基。但我
的俘虏总是更偏爱金属网纱，金属网纱作为窝的支撑物
再适合不过，因为螳螂用来建窝的软性材料会覆盖住网
眼，待材料干了之后，窝就会很牢固。

在自然条件下，螳螂的窝没有任何遮挡，它们都能
经受住风霜雨雪的恶劣天气，不会脱落。所以，雌螳螂
总是选择凹凸不平的支撑物，这样窝基容易成形，也非
常稳固。螳螂的筑窝地点总是选在可选范围的最佳支
撑物上，所以在笼子里，金属网纱就成了螳螂筑窝的
首选。

我能观察到的唯一一只处在产卵期的雌螳螂此时正
倒悬着，在罩顶附近攀着网纱。我用放大镜查看，它一
点也没受到打扰，自顾自地忙着干活。我把网罩掀开，
将它倾斜、倒转、左右旋转，这只昆虫一点也没受影
响，一刻也没停下它的工作。我用镊子将它长长的翅膀

拉起，为的是更近距离地观察翅膀底下有什么动静，螳螂根本没有注意到我的动作。到目前为止，一切都很顺利。它没有移动，对观察者的一切骚扰都无动于衷。然而，事情并没有如我预想的那样发展，它的行动极为迅速，观察变得十分困难。

螳螂的腹部末端一直浸在一团泡沫中，这使得我无法非常清楚地看到产卵过程中的细节。这团泡沫是灰白色的，稍微有点黏性，很像肥皂泡沫。泡沫刚出现的时候，我把一根麦秆探进去，麦秆一端被粘住了。两分钟后，它凝固了，不能再粘住麦秆了。在很短的时间内，它的硬实度就跟旧窝的材质不相上下了。

这个泡沫块主要是由包在小泡泡内的气体构成的。窝里的空气使得窝的体积比螳螂的肚子要大得多，虽然泡沫是出现在生殖器孔口的，但很显然，气体并非来自昆虫体内，而是来自空气。螳螂利用空气造窝，非常有利于抵御多变的气候。它排出一种像蠕虫分泌物似的黏性物质，这种物质很快跟外界的空气混合在一起，形成泡沫，窝就是这样建造出来的。

螳螂搅拌分泌物，就像我们搅拌鸡蛋一样，为的是让它膨胀以及固化。它的腹部末端张开一条长长的裂缝，两边各形成一个勺状物，两个"小勺"不停地快速开合，击打黏液，黏液一分泌出来时就被转化成泡沫。除了两个不断开合的"小勺"，我们还可以看到螳螂的内部器官也在不断地升降，就像活塞杆那样起起落落。因为泡在不透明的泡沫块中，这些运动的确切功用我们无从知晓。

螳螂的腹部末端持续地颤动，两个"小勺"的阀门也迅速地开合着，就像钟摆一样摆动。每一次摆动就从体内产下一层卵，体外的窝上就会留下一道横向裂缝。就在它做着这样的弧圈动作时，在频繁的间隔中，腹部末端忽然插入泡沫中，就像要将什么东西埋入泡沫块的底部似的。毫无疑问，每一次这样的动作都伴随着一个卵的产出。但是，由于螳螂产卵的动作太快，而且是发生在不利于观察的状况中，我从未见过它的输卵管是如何操作的。随着突然深插的动作，它的腹部末端更深地浸入到了泡沫窝中，所以我只能从腹部末端的动作判断卵的产出。

与此同时，这个黏性混合物似浪涌般被断断续续地排放出来，并被尾部两个开口击打成泡沫。这样形成的泡沫就扩散到了卵层的侧面和底部，并因为螳螂腹部的压力而穿透金属网纱的网眼。因此，在卵巢逐渐排空的同时，海绵状的包裹层也就慢慢成形了。

虽然我不能说这是直接观察到的结果，但我推断，在核心层那里，卵被一种比外壳更加均匀的物质所包裹，那时候螳螂是直接利用了它排出的分泌物，而没有将它击打成泡沫。卵层一旦沉积，那两个阀门就制造出泡沫，以便包裹住卵层。不过，要猜出在泡沫状分泌物的覆盖下究竟发生了什么是极为困难的。

在一个新窝上，出口区被一层细密的多孔物质所围绕，这种物质是纯白且无光的，就像白石灰那样，跟巢穴中其他部分的灰白形成鲜明对照。它看起来和糕点师傅将蛋清、糖和淀粉搅合起来，用来制作蛋糕外饰的东西很像。

这层雪白的涂层很容易破裂和脱落。当它消失不见时，出口区就很明显地显露了出来，那两行边缘松开的小叶片也显露在外。暴露在风雨下，这个涂层会慢慢地剥落，最后完全消失。所以，在旧窝上是看不到它的踪影的。

第一眼看上去，这层雪白的物质和其他部分的材质不太一样。但螳螂真的使用了两种分泌物吗？不是的。首先，解剖学告诉我们，材质都是一样的。这些材质的分泌器官是具有奇怪交缠形状的圆柱管，它们分成两组，每组有二十个管子。它们里面都充满着无色的黏性液体，在器官的任何位置，这些液体的外观都完全一样。没有任何迹象显示，这些器官或分泌物会产生一种白石灰一样的色层。

其次，雪白涂层的形成方式也告诉我们，这些材料是相同的。我们看到，螳螂的两个尾部末梢扫过泡沫团上的泡沫，将它们收集起来，然后留存在窝的隆起部分，以这样一种方式，形成一条就像是糕点的糖衣那样的带子。在这样扫掠之后形成的带子，或者，在还未固化的带子上所渗出的物质，会扩散到窝的侧边，形成一层薄薄的泡沫层。泡沫层上面的气泡非常的细小，需要借助放大镜才能看到。

　　我们经常看到，泥浆激流上会覆盖着泡沫团，在这些混杂着淤泥的泡沫上，时不时会出现一些漂亮的白色泡沫团，泡沫团上面的气泡要小得多。这种分层是由泡沫的密度不同而造成的。所以，我们到处可以看到雪白的泡沫从混合着泥浆的泡沫中冒出来。螳螂在建窝的时候，也出现了同样的情形。它将自己的腺体分泌出来的黏性分泌物击打成泡沫。其中那些最轻盈和最稀薄的部分，那些泛白的部分，就浮到了表面。最后，它们又被螳螂的尾梢扫到一起，形成雪白色的带状涂层。

　　到目前为止，只要有一点耐心，我的观察还是有可能继续做下去的，并且也会为我带来满意的结果。但若要研究清楚巢穴中复杂的中部区域——螳螂幼虫设法从两行重叠叶片中通过的出口处，仅靠观察是不行的。以下的情况是我所能掌握的：螳螂的腹部末端从上到下裂开，形成一个切口，切口上端几乎不动，下端则继续摆动。泡沫就从中产生，虫卵也从中排出。因此，巢穴中部区域的建筑工作无疑需要腹部上端不动的部分来完成。

但是，我无法解释出口区的裂缝是怎样形成的，甚至都没办法猜想，还是让别人来解决这些问题吧。

螳螂是一位多么奇妙的机械工啊！它的动作如此迅速，如此井然有序。它排出了大量的分泌物，并将这些分泌物锻造成中核区的角质层、起到保护墙作用的泡沫和中区长条带的奶白泡沫。与此同时，它还在产卵，建造交叠的叶片以及错开的缝隙！面对这样一个奇迹，我们茫然不解，而螳螂做起这些事来却轻而易举！在整个过程中，螳螂攀在作为巢穴轴心线的金属网丝上，几乎不怎么动；对于身后正在形成的建筑，它也不看一眼，似乎它的巢穴就这样自动地建成了。这不是勤勉的结果，也不是技术活，倒更像是一个纯粹的机械工作，是由昆虫的器官组织本身决定的。结构如此复杂的螳螂窝完全是器官运作的结果，就像在人类的工业中，很多工作都是由机械操作完成的，其精巧的程度让灵巧的双手也无地自容。

从另一个角度看，螳螂的窝甚至更为不同凡响。螳螂在保温材料上的出色运用为物理学提供了极其宝贵的启示。在对热能绝缘体的认知上，螳螂超出了人类。

著名的美国物理学家拉姆福德做了一个非常巧妙的实验，证明了空气的低导热性。他把一块冰冻奶酪放到搅拌均匀的鸡蛋泡沫中，然后将其加热。几分钟后，一张滚烫的鸡蛋饼出炉了，但中间的奶酪还是像原来那样冰凉。奶酪被泡沫中的空气给包住了，所以才产生了这样的现象。空气极为耐热，它吸收了炉火的热能，并阻止热能传导到里面的冰冻物质。

那么，螳螂是怎么做的呢？它们的做法恰好与拉姆福德的实验相符。螳螂搅拌自己的黏液，得到一个包含很多小泡沫的泡沫块，小泡沫中含有空气，为核中心的胚胎提供保护。当然，它的目的正相反，凝固的泡沫是为了抵御寒冷，而不是高温。总之，这样的设计能够为螳螂的卵提供一个不受外界冷热干扰的孵化场所。因此，如果拉姆福德想要这么做的话，他同样可以在冰箱里很好地保存一个温热的物体。

建立在前人知识的基础上，并通过自己的研究和实验，拉姆福德掌握了空气隔层的不导热特性。多少个世纪以来，在导热这个问题上，螳螂是怎么超越物理学家的呢？它怎么懂得只要用这种固化的泡沫块来包裹住它的卵——尽管它们只是固定在没有任何遮挡的树枝或石块上，就可以经受住严酷的寒冬呢？

在我家附近生活着一些螳螂，这大概也是我唯一比较了解的螳螂种类。据我观察，它们是根据虫卵是否要过冬来决定是否要搭建这层固化的泡沫层的。灰螳螂与薄翅螳螂很不一样，它们的雌性几乎没有翅膀，巢穴只有樱桃核那么大。它们会很熟练地在上面裹一层泡沫外皮。为什么要包这层外皮呢？因为，就像薄翅螳螂的窝一样，灰螳螂将自己的窝固定在石块或细枝上，暴露在恶劣的天气里，也要经受住寒冬的考验。

椎头螳螂是欧洲昆虫中最奇特的一种昆虫，它跟薄翅螳螂的个头一样大，但它建的窝却与灰螳螂的窝一样小。它的窝结构简单，由三四个并排相连的小室组成。尽管它的窝跟之前几个例子中的窝一样，也是固定在某根枝条或某块石片上，但却完全没有发泡外层。没有隔热外皮表明它所处的气候条件不同。在日晒充分的温暖天气下，椎头螳螂的卵在产下后不久就孵化了。它的窝不用经受严冬考验，所以除了一个薄薄的壳之外，它们不需要其他的保护设施。

螳螂的防范措施怎么会如此精妙而合理，甚至可以跟拉姆福德的实验相提并论呢？那是从无数组合中侥幸选出的一个结果吗？假如真的是这样，我们就不得不承认偶然的盲目性也具备某种惊人的预见性。

薄翅螳螂筑巢一般是从圆钝的一头开始，尖细的尾端则会在最后完成，其尖端常常拖得很长，就像是某种岬角那样。螳螂大概需要不间断地工作两个小时左右，才能完全筑好自己的巢。收工后，雌螳螂便会直接离开，它对自己完成的任务不再有兴趣。我曾经观察过它，期待看到它回来，看到它对这个巢穴表现出某种温情。但我错了。身为母亲，它没有流露出丝毫喜悦。任务完成了，就再也不关它的事了。哪怕这时有蝗虫过来，其中一只还蹲坐在它的巢穴上，螳螂也根本不会注意。没错，蝗虫是性情平和的侵入者。但是，即便蝗虫很危险，即便它们威胁要抢走螳螂的窝，螳螂会攻击它们，把它们赶走吗？以螳螂冷漠的模样，我相信它不会这么干。此时，它根本就不关心自己的巢穴。

我曾经写过，薄翅螳螂并不拒绝多次交配。交配结束后，雄螳螂几乎不可避免地被当作猎物吞食掉，结局非常悲惨。在两个星期的时间内，我看到同一只雌螳螂交配的次数不少于七次。每一次，它都会将配偶吃掉。这样的习性导致它频繁地产卵，我们所观察到的现象也确认了这一点，尽管这不是一个普遍规律。有些雌性螳螂只有一个窝；其他一些有两个，第二个窝会与第一个一样宽敞。那些最多产的雌螳螂有三个巢穴；前两个都是寻常大小，第三个只有它们的一半大。

从螳螂的巢穴中，我们可以估算这个昆虫的产卵数量。从窝中部区域的横纹数，我们可以很容易地判断出里面有几层卵。但这些卵层所处的位置不同，有的靠近中间，有的靠近边上。因此，每层卵所包含的数量也不相同。根据最多和最少的卵层中所含的卵量，我们可以得出一个大致的平均数。根据这种推算，我发现一个正常的窝会包含大约四百颗卵。那样，有三个窝的螳螂，其卵巢的产卵量超过了一千颗。它将八百颗卵产在较大的窝里，两三百颗卵产在较小的窝里。这可算得上是一个很大的家族，要不是只有少量的幼虫能够存活，这数量真是有点可怕。

薄翅螳螂的窝体积很大，结构奇特，在枝条上或石块上非常显眼，普罗旺斯的农民很难不注意到它。它的巢在乡间很有名，人们把它称为"提格诺"，它甚至还享有某种声誉。但似乎没有人意识到它的主人是谁。当我的乡村邻居听说这个有名的"提格诺"是学名为薄翅螳螂的窝时，他们总是显得很惊讶。这样的无知可能源自螳螂夜间筑巢的习性。在寂静的夜晚，没有人碰到过正在筑巢的螳螂。虽然这个技术工人和它做出的成品在乡村都很有名气，但两者之间的关联却丢失了。

不管怎样，这个奇特的东西很惹眼。人们会觉得它可能有什么用处，它一定具有某种优良的特性。所以，多少个世纪以来，人们都怀着孩子般的希望，觉得这不同寻常的东西能够减轻他们的痛苦。

带着这种广泛的默契，普罗旺斯的乡村药典声称，"提格诺"是治疗冻疮的最佳药方。其使用方法很简单：将它一劈为二，挤压出汁水，用它的切面去摩擦生了冻疮的部位。人们告诉我，这种药十分有效。根据这个传统的处方，所有手指冻得青肿的人都一定要用这个"提格诺"。

这种药方真的有效吗？我斗胆持有怀疑的态度。因为，在1895年冻疮频发的寒冬，我在自己和家人身上做了试验。试验的结果表明，这种民间药方对冻疮毫无改善。在用了这个声誉卓著的药膏之后，我们中没有一个人能够减轻冻疮带来的肿胀感，黏糊糊的"提格诺"切面并没能减轻我们的痛苦和不适，很难相信其他人能取得什么疗效。尽管如此，这种特效药的声誉却依然势头不减，流传很广。这其中的原因可能要归功于这味药材的名字，它跟普罗旺斯的居民对冻疮的称呼一样，也是"提格诺"。既然冻疮跟螳螂窝都被冠以同一个名称，那后者的功用岂不是显而易见吗？特效药的声誉就是由此而来的。

在我的家乡，或者在附近的区域，"提格诺"作为螳螂窝而不是冻疮的称呼，也以治疗牙疼的神奇良方而著称。传说，牙疼的人将它随身携带，就足以让他脱离悲惨的折磨。于是，那些精于此道的妇女会在月光下将螳螂的窝收集起来，将它们虔诚地保存在衣柜的某个角落；或将它们缝在口袋上，防止被手绢夹带出来而丢失。如果邻居牙疼不止，她们就借给他一些。"借我一点提格诺吧，我难受得要命。"牙疼得脸都肿起来的人恳求道。"无论如何，别弄丢了！"主妇说，"我没有多余的了，现在月光好的日子可不多啦！"

我们不会嘲笑那些可怜的轻信者。毕竟，在报纸和杂志边角上大肆吹嘘的正式药物也没有什么疗效。再说，这些乡村人的简单想法比起某些古书里的说法可真要自叹不如了。十六世纪的英国博物学家托马斯·穆菲为我们讲述了一个在乡间迷路的孩子向螳螂问路的故事。这种昆虫会伸出一个爪子，为孩子指出该走的方向。作者还说，这种昆虫几乎从不出错。这个迷人的小故事是用拉丁语讲的，叙事十分简练。

我不知道这位博物学家是从哪里听到这个故事的。我猜想，这个故事不大可能来自英国，因为英国没有螳螂；也不大可能来自普罗旺斯，因为这种幼稚的故事从没有出现过。比起螳螂神奇的指路能力，我倒宁愿相信"提格诺"能够治病。

金步甲的食物

在写这篇文章的开始几行时，我想到了芝加哥的屠宰场。那些可怕的肉类加工厂在一年的时间内会屠宰一百多万头牲口，它们活着进入机器流水线，出来时已经被转化成肉类罐头、香肠、猪油和火腿卷。我想到这些，是因为我即将讲到的甲虫将向我们表现出同样迅猛的屠宰能力。

在宽敞的玻璃瓶内，我有二十五只金步甲。此刻，它们卧在挡板下一动不动。瓶内有沙子，有日晒和木板，它们在沉睡中消化着食物。在机缘巧合下，我撞见了一串正从树上爬下来寻找埋藏地点的松毛虫，它们正准备迈入地下虫蛹的阶段。这不正是金步甲喜欢捕杀的绝佳对象吗？

我将它们抓起来，放入玻璃瓶内，这一串毛虫马上改变了队形。它们有一百五十只左右，蜿蜒着向前涌动。它们像芝加哥的牲口那样，一个接一个地经过木板附近。这是最佳的时机，我移开挡板，放出金步甲。

沉睡者闻到猎物的味道，马上就醒了过来。其中的几只跑在前面，其他的甲虫跟在后面；那些埋在沙子里的金步甲纷纷冒了出来，一帮匪徒拦截了这群过客。这是一个令人难忘的场景：这群甲虫开始四处捕杀猎物，毛虫们受到了攻击。它们有的背部被咬伤，有的腹部被咬伤；它们的毛皮破裂了，一串串内脏流了出来，吃下的松针也变成了浅绿色的液体。毛虫们扭动着，转圈翻滚，用脚攥着沙子。那些还没受伤的毛虫则拼命往下钻，想钻到地下避难。但它们无一幸免，没等它们埋入半截身子，甲虫就奔过来，咬破它们的内脏。

假如这场大屠杀不是发生在无声的世界里，我们就会听到各种可怕的嚎叫和骚动，就像在芝加哥的屠宰场里发生的那样。但这些被开肠破肚者的嚎叫和悲鸣只有用心灵才能够听到。而我，恰恰具有这样的心灵，但我对自己酿成的这样一场惨剧，心里满是愧疚。

此时，在已经死掉的或半死的毛虫堆里，甲虫四处翻寻。它们将每只毛虫都撕下一口肉，拖到一边，躲开同伴探询的眼睛，独自吞食。吃完后，它们又急匆匆地跑去咬下一块。只要还有尸体残存，它们就不断重复这个过程。在几分钟的时间里，这一串毛虫就只剩下几片血肉残片还在那里抽动。

毛虫一共有一百五十只，屠宰者有二十五只。也就是说，每只甲虫处置了六只毛虫。如果这昆虫除了杀戮别的什么也不干，就像肉类食品厂里的屠夫那样，如果屠宰者的数量是一百只——比起猪油厂或培根厂的员工数量是一个很小的数字——那么，在一天的十个小时里，屠宰数量将达到三万六千只毛虫。芝加哥的屠宰场根本无法与之匹敌。

考虑到攻击的难度，这样迅速的杀戮更是令人印象深刻。屠夫可以用长长的铁链捆住牲口的腿，将它提起来，甩到刀口下；还可以用活动板固定牲口的头，将它置于自己的板斧下。而甲虫没有这些工具，它得扑杀它的猎物，将它制服，还要避开它的尖爪利牙。而且，它还得在屠宰现场就吃掉猎物。如果这昆虫专门从事杀戮，那将会是昆虫世界多大的劫难啊！

从芝加哥屠宰场被宰杀的牲口和甲虫受害者的命运中，我们可以获得什么样的启示呢？人类高度发展的道德文明至今还只是一个罕见的例外。在文明的外表下，几乎总是潜伏着我们的祖先——那些穴居的野人。在那时，真正的人性还未成形。它正在成长中，在几个世纪的发酵中，在良心的内省中，一点一点地成长。但这个达到高度文明的过程却是令人心痛地缓慢。

作为古代社会的基础，奴隶制在不久前才刚刚被废除；仅仅在不久之前，人们才认识到：人，即使是黑人，都是真正意义上的人，应该被以人相待。

妇女的境况之前是怎样的？在东方，她还是以前的样子：一个没有灵魂的温驯的动物。学识渊博者早已对这个问题进行过漫长的探讨。而十七世纪的圣人波苏埃本人都将妇女视为男人的微缩版，证据就是夏娃的起源——她是由亚当身上多余的第十三根肋骨造就的。最终，我们终于承认，妇女跟我们一样，拥有一个灵魂，但在温柔和献身方面甚至比我们更优秀。她被允许接受教育，在这方面，她投入的热情比男性有过之而无不及。但法律这个黑暗的洞穴依然是许多野蛮法规的潜伏地，继续把妇女看作是无能者和低劣者。随着时间的推移，法律终将会顺应真理。

奴隶制的废除和妇女的受教育权，这是道德进化史上两个重大的飞跃，我们的后代会走得更远。带着穿透一切阻碍的锐利目光，他们将看到，战争是所有荒谬中最无可救药的；我们的征服者、战斗的胜利者以及国家的破坏者都是令人憎恶的祸害；鼓掌要比步枪射击强多了；最快乐的人不是拥有最多军队的人，而是那些在和平中劳作并创造富饶的人；生存的安宁无须设立边防来保障，这样在过境时也避免了遭到海关人员的搜查和劫掠。

我们的后代会看到这些，还会看到在今天还是奢侈梦想的许多其他奇迹。那么，人类究竟会进化到怎样的理想高度？恐怕不会到一个非常辉煌的高度。如果我们把跟意志无关的某种状态称作为罪恶，那么我们已经蒙受了无法洗去的污点，一种原罪。按照某种模式，我们已经被创造成现在这个样子，我们无从改变。我们被赋予了野兽的属性，被赋予了食欲这个污点，它是兽性的源泉。

肠胃主宰着世界。在我们最重大的事件中，面包和黄油的紧迫问题是最关键的主导因素。只要还有肠胃在消化——我们丢不掉它们，就必须找到填充它们的东西，弱肉强食，强者生存。生命是个无底洞，只有死亡能够将它填平。因此，为了喂饱自己，人类无休止地杀戮，这跟甲虫以及其他动物没有什么两样。不断重演的大屠杀将地球变成了一个屠宰场，与之相比，芝加哥的屠宰场根本算不了什么。

但食客们成群结队，食物却不成比例。那些没有食物的垂涎那些拥有的；饥饿的对饱腹的张牙舞爪。随之而来的就是为占有权而发生的战斗，人类开始蓄养军队；为保护他的收成、他的谷仓以及他的地窖，他开始诉诸战争。我们什么时候能看到战争结束？唉，真是痛心疾首！只要世界上还有狼，那就必须有牧羊犬来保护羊群。

思绪万千让我远离了主题，我们还是言归正传吧。将那一串正准备进入地下的毛虫交给了刽子手，我挑起这场屠杀的动机在哪里？难不成是我乐于观看一场疯狂的杀戮？当然不是。我始终同情苦难者，再弱小的生命也值得尊重。但迫切的科学研究需要我克服这种同情心，科学研究常常是冷酷无情的。

在这个案例中，我们研究的主题是金步甲的习性。它是我们花园里的除害杀手，所以俗称园丁甲虫。这个头衔是否名副其实？园丁甲虫捕杀的是什么害虫呢？它能让我们的床铺和周边免于害虫的侵扰吗？它对成串爬行的毛虫的处置让我们对此充满期待。让我们继续探索下去。

四月末的时候，我有很多机会撞见成串爬行的毛虫，它们有时候多一些，有时候少一些。我捉住它们，将它们放进玻璃瓶里。血腥的屠杀马上就要开始了。毛虫被开肠破肚，每只甲虫负责对付一只毛虫，或者几只甲虫对付一只。不到十五分钟，这批毛虫就被斩尽杀绝了。除了一些不成形的碎片，它们什么也没留下。那些碎片散落在地上，被甲虫拖运到木板下面从容地享用。一只吃得很饱的甲虫叼着它的战利品独自溜走了，想安安逸逸地再吃个痛快。它遇上了自己的同伴，它们对它嘴上的那块美食垂涎三尺，大胆地企图夺走它。起初是两只，后来变成三只，它们全都想把这块美食抢到手。每一只甲虫都抓着那块碎片，拖曳它，后来干脆就当场吃了起来。实际上，它们之间并没有战斗，不像狗为了抢一块骨头那样，它们之间没有暴力攻击。它们仅仅只是试图盗窃。如果原来的主人咬住食物不放，它们就共同分食，大颚碰着大颚地啃咬着，如果碎片被撕开，它们就叼着自己的那一口各自散开。

在过去的实验中，我发现毛虫会释放一种腐蚀性毒物，这种毒物会引发手部的荨麻疹，这也是我的亲身体验。所以，这样一道菜肴想必对金步甲来说是非常辛辣的，但它却很喜欢。不管我给它们提供多少只毛虫，毛虫都会被消耗一空。但是，据我所知，没有人在蛾的丝茧中发现过金步甲和蛾的幼虫，我也不希望自己会有这样的发现。丝茧只在冬天才会有幼虫在里面，那时候，金步甲对食物不感兴趣，它麻木地蛰居在地下。然而，到了四月份，当成串的幼虫开始寻找适合埋入和蜕变的地点时，如果被金步甲遇上，金步甲一定不会错过这样的大好机会。

猎物身上的刺毛一点也不妨碍甲虫食用它，但毛虫中刺毛最密的刺毛虫那身红黑相间的毛发，还是让金步甲觉得难以下咽。刺毛虫天天在玻璃瓶里到处闲逛，金步甲无视它的存在，显得就像没看见一样。时不时地，有些甲虫停了下来，围着这个一身厚毛的动物转圈，不停地打量它，想要穿透这团毛发。但它们马上就会遭到刺毛虫又长又密的毛发围栏的抵挡，在受伤之前，金步甲识趣地放弃了。那条刺毛虫十分得意，悠然地爬了过去。

但这样的情况并不能持续多久。在金步甲饥饿难耐的时刻，加上同伙的帮助，这些胆小的动物决定发起一场猛烈的攻击。在四只金步甲的前后夹击下，刺毛虫最终被打败了。它被开膛破肚，就像一只毫无反击能力的小毛虫一样，被贪婪地吞食掉。

我给金步甲提供的各类毛虫都是凭运气抓到的，有的不带刺毛，有的刺毛很密。只要它们的个头跟金步甲不相上下，全都会受到甲虫的热情欢迎。如果毛虫的个头太小，甲虫会不屑一顾，好像它们根本填不满肚子似的；如果毛虫的个头太大，甲虫就很难对付得了。例如，大戟天蛾和孔雀天蚕蛾本来应该是金步甲唾手可得的猎物，但猎物刚被捕捉到，便会扭动自己有力的尾部，将金步甲甩得远远的。几次攻击都是以这样的结局收场，金步甲只好悻悻地放弃这个猎物。我在金步甲的笼子里放入两只强壮且活跃的毛虫，在两个星期的时间里，毛虫们基本上都安然无恙。那个突然伸展开的尾翼实在是太厉害了，金步甲凶残的大颚无法凑近。

除了太强大而不易攻击的毛虫，金步甲都能将它们消灭，这也是它主要的功用。但有一个局限：它不善攀爬。金步甲只在地面上捕食，而从不在它头顶的枝叶上捕食。我从来没见过它爬上枝条去捕食，哪怕是很小的灌木枝。如果毛虫躲在笼子里的一簇百里香上，哪怕它再诱人，再近在咫尺，金步甲也不会注意到。这是一个很大的遗憾。要是它们能攀爬，只消三四只甲虫就能迅速将卷心菜上的菜青虫消灭干净！唉！高手总有缺点。

消灭毛虫是金步甲的天职。菜园里还有一种虫害——蜗牛，但在这个问题上，金步甲基本帮不上我们什么忙。金步甲受不了蜗牛的黏液。除非蜗牛伤残了，被踩碎了，或者从壳里探出身子，甲虫才会搭理它。但它的近亲——金龟甲却没有这样的忌讳。金龟甲身上带有角，一身黑色，个头比金步甲要大；它攻击起蜗牛来最勇猛；它会把蜗牛翻个底朝天，对蜗牛在垂死挣扎中释放出来的黏液毫不在意。遗憾的是，在园地里，我们很少能找到金龟甲，它可是园丁的好帮手。

金步甲的交配

众所周知，金步甲是捕杀毛虫的一把好手。就这一点而言，它无愧于"园丁甲虫"这个称号。在菜园、花坛和草地里，它是一个敏锐的巡警。如果说，我的研究在这方面不能为它已有的美名再添光彩，那么在接下来的几页中，我将向大家展示的则是它不为人知的一面。这个凶残的猎手，只要对手不比它强太多，它都能将对方活剥生吞。但是，最后它自己却也会被吃掉，凶手是它的同类以及许多其他昆虫。

一天，我站在门前梧桐树的树荫下，看见一只金步甲匆匆路过。它来得正巧，正好拿来充实我的玻璃瓶。抓住它之后，我发现它的鞘翅末端有轻微的伤痕。这是跟对手较量时留下的伤痕吗？我看不出来。重要的是，这昆虫不能受到什么太严重的伤害，否则不宜拿来做实验。经过检查，我没发现它有更严重的伤口，就将它放入玻璃瓶中，和其他二十五只同伴放在一起。

　　第二天，当我去探望这个新居民的时候，它已经死了。它的同伴在夜间攻击了它，并将它的腹腔掏空了，看来它是因为鞘翅受伤而没能保护好自己。整个操作非常干净且利索，没有任何的肢解，金步甲的爪子、头部和盔甲都在原来的位置上；它的腹部只有一个伤口，通过它，内脏被移走了，留下的是一个金色的外壳，也就是合拢起来的两个鞘翅。就算被掏空了内脏的牡蛎壳也没有这么干净。

　　这个结果让我深感惊讶，因为这个笼子我一直照料得很好，它们应该不缺食物。蜗牛、松树金龟、螳螂、蚯蚓、毛虫以及其他一些最受欢迎的昆虫，都轮换着供应，数量也充足。将一只盔甲受伤、容易受攻击的同伴吃掉，饥饿应该不能成为其理由吧。

　　那么，是不是它们的习性如此？将受了伤的同胞杀死，然后挖去内脏。昆虫之间没有同情。看到同胞垂死挣扎，没有谁会出来叫停，也没有谁会伸出援手。在肉食昆虫之间，事情可能会以悲剧收场。路过的昆虫也会向伤残者奔去。但它们这样做是去帮助它吗？不可能。它们为的是尝一尝它的血肉，如果觉得可口，就会对它的伤病实施最激进的疗法——将它吃掉。

　　因此，金步甲很可能是看到同胞受伤的鞘翅，受到了诱惑。它们将没有抵抗力的同伴看成是可以肢解的对象。但在之前没有伤口的时候，它们是否彼此尊重呢？

起初，它们在彼此相处的过程中处处表现出和睦；在血腥争食的过程中，相互之间也从未发生过扭打，除了大颚挨着大颚地抢夺之外，再也没有其他纷争；在木板下长时间的午休时间里，它们也从来没有打过架。二十五只金步甲半埋在土里，静静蛰伏着消化食物。每只金步甲都待在自己的小壕沟里，彼此和平相处。如果我掀开木板盖，它们会惊醒、躲开、到处乱跑，途中会不断碰到彼此，但都相安无事。

它们的稳定关系牢不可破，一切迹象都能显示出，这样的状况会一直持续下去。直到六月上旬，我发现了一只死掉的金步甲。它的腿脚完好无损，但只剩下一个金色的躯壳。跟我早前说过的那只甲虫一样，它的躯壳就像牡蛎壳，里面什么也没有。让我们来检查一下还有哪些残余。外观上，金步甲除了肚子上有一个很大的裂口，其余部位都完好无损。所以，我推测这只昆虫在被攻击时并没有受伤。

几天后，另一只金步甲也被杀死了，手法跟之前一样——它的盔甲没有一点凌乱。我将它的腹部放好，它看上去完整如初；再将它的背部放好，它成了空心的，在甲壳下面，看不出一点血肉的残存。不久之后，我又发现一具空心遗体；然后又是一具；接下来还有一具；直到我的虫群数量迅速锐减。如果这样无缘无故的屠杀持续下去，不久我的笼子里就会所剩无几了。

是不是我的甲虫垂垂老矣？它们是不是自然死亡，然后存活的甲虫就去把它们的身体清空？还是由于健康甲虫的死亡而造成了数量的锐减？要讲清楚这件事不容易，因为这些暴行通常发生在夜里。但最终，怀着警觉，我有两次机会观察到了金步甲正在光天化日之下做那件事。

在将近六月中旬的时候，一只雌性金步甲就在我眼前攻击了一只雄性金步甲。雄性甲虫的个头较小，可以辨别出来。进攻开始了。攻击者升起鞘翅尾端，抓住对方腹部，它凶猛地拖拽着猎物，用它的大颚大力撕咬；而正值壮年期的受害者既没有防御，也没有进攻。它拉着自己的食物朝着相反的方向走，想从这尖牙利齿中脱身。当对方占上风时，它就退缩；当对方处在下风时，它就往前走。就这样，它的抵抗结束了，这场争斗延续了一刻钟。其他途经的甲虫停了下来，似乎在说："下面该轮到我上了。"最后，它费尽力气终于脱开了身，飞走了。如果它没能成功逃脱，那只凶残的雌性甲虫毫无疑问会让它开膛破肚。

几天后，我目睹了一个类似的场景，但这次则是一出悲剧。雌性金步甲还是从背后咬住雄性甲虫。除了企图逃脱的挣扎，受害者没有其他的反击行动。但终究无济于事，只能听任对方摆布。最后它的外皮被撕开了，伤口越来越大，内脏被那位"悍妇"拉出来吃掉了。雌性金步甲的头埋在对方的腹腔里,将里面的东西吃个精光,只剩下一个空壳。那悲惨的受害者抽动了几下腿,宣告生命的终结。但谋杀者并没有注意到,它继续往窄小的胸腔那里奋力翻寻。最后所剩下的只有合拢的鞘翅以及身体的前部。那具空壳被丢弃在悲剧的现场。

金步甲就是以这样的方式凋零的,而且死亡的总是雄性甲虫,我时不时地能在笼子里发现它们的空壳。可见,幸存者还会继续凋零。从六月中旬到八月初,笼子里的昆虫从一开始的二十五只,到最后仅剩下五只——全都是雌性金步甲。所有的雄性昆虫都灭绝了,它们被开膛破肚,身体被彻底掏空。这是谁干的?很显然是雌性甲虫。

这两次我有机会观察的袭击都向我展示出,在光天化日之下,雌性甲虫会撕开雄性甲虫的腹部,并将它吃掉,或者至少打算这么做。至于其他的屠杀,虽然我没有亲眼看见,但我能提供一个很有价值的证据。就像我看到的那样,受害者并不还击,也不自卫,仅仅试图挣脱并逃走。

如果这是一场普通的搏斗,像这样的搏斗往往也是一场生死较量,那么,受攻击的动物很显然会加以还击,因为它完全有能力这么做。在通常的搏斗中,它会以牙还牙。它的力量足以让自己从争斗中全身而退,但这个愚蠢的昆虫却放任自己被吃掉而没有反击。它明明有机会反过来将对方吃掉。但是，似乎有一种不可抗拒的力量阻止了它这么做。这样的容忍让人想起法国南部的一种蝎子，这种蝎子在交配仪式的最后放任雌性将自己吞食掉，而没有用它致命的毒性武器进行反击；这还让我们想起雄螳螂，在头都被吃掉的情况下，它还抓着雌螳螂交合，后者还在一小口一小口地它，而它却无意自卫或反击。像这样在交配仪式中雄性不还击的例子还有不少。

我的"动物园"中的雄性金步甲，无一例外都被开膛破肚，这表明它们也有类似的习性。当它们不再有用时，就成了雌性金步甲的牺牲品。从四月到八月，这些昆虫不断地配对，有时候是试探性的，但通常它们会立刻开始交配。对这些昆虫而言，交配之事是无休无止的。

金步甲处理起这些两情相悦的事情快速而无情，就像在做交易一样。在群体生活中，它们没有什么前期的求偶仪式，雄性昆虫会直接扑到雌性的身上。它会用自己的触角击打雌性的背部，此时，被抱住的雌性昆虫将头抬起一点就表示默许。金步甲交配的时间很短暂，随后就突然分开了，在稍事休息后，双方都准备去找新的配偶。只要雄性昆虫的数量足够多，它们就会继续交配。交配结束后，它们会开始向另一只昆虫示爱；示爱之后，又进行一次新的交配。金步甲就是这样快活而尽情地过着它们的日子。

在我所收集到的金步甲中，雌性昆虫与热情的雄性昆虫的数量不成比例：五只雌金步甲对二十只雄金步甲。不要紧，它们之间没有竞争，一切都进展顺利，每一只金步甲都会得到满足。

我当然愿意更合理地配置雌性昆虫与雄性昆虫的比例，但我通常只能有多少抓多少。早春时节，我把能在附近石头下发现的所有金步甲都收集起来，没有区分它们的性别，因为光从外在特征上很难辨识出来。后来，通过观察我才知道雌性金步甲的个头要稍微大一点。所以，在我的"动物园"里，雌雄比例失调是由随机收集造成的。我不认为在自然条件下，雄性甲虫在数量上会占优势。另一方面，在野外，在同一块石头下，人们绝不会看到这么多甲虫——金步甲通常会离群索居。在一个遮蔽物下，你很少能看到两三只甲虫待在一起。我的"动物园"是一个特殊情况，还好，这样做也不至于引起什么混乱。笼子里有足够的空间供它们出行和活动。想要独自待着的甲虫可以有自己的空间，想要有伴的甲虫可以找身边的同伴。

圈养并没有对它们造成什么太大的影响。从它们的好胃口以及不间断的交配活动中就可以看出这一点。在野外，它们的日子不会过得比在这里更好，可能还会更差。毕竟，自然条件下的食物没有那么充足。说到生存状况，这里的"囚犯"一切正常，它们的日常生活也得到了充分的照料。

不过，在我的笼子里，甲虫之间确实会比在野外更频繁地彼此遇到。毫无疑问，这也会给雌性甲虫制造更多迫害雄性甲虫的机会。只要雄性甲虫不再被需要，雌性金步甲就会从后方扑向它们，将它们开膛破肚。在这个甲虫被圈养起来的地盘上，这种对曾经的配偶下狠手的情况变多了，但圈养并不是产生这种现象的根本原因——这样的习性并非突然出现的。

交配季结束后，当雌甲虫在野外遇到雄性甲虫时，明显会将对方看成是诱人的猎物而饱餐一顿。虽然我翻寻过许多石头，但从来没有机会撞见这样的场景。不过，在我的"动物园"中所发生的一切足以让我相信，实际情况就是这样。这些甲虫活在怎样的一个世界中啊！在那里，一旦受精完成，雌性就不再需要这个配偶，还将它吞咽下肚！在这样的习俗下，雄性是多么无足轻重啊，竟然得到这样的下场！

那么，这种同类相食是不是昆虫的普遍习性呢？我现在能想起的也就只有三个典型例子：薄翅螳螂、金步甲以及朗格多克蝎子。还有一个不那么残忍的例子——飞蝗家族，它们吃掉的是死尸。雌性白面螽斯会如饥似渴地将已经死了的配偶吃掉，绿色的蟋蟀也一样。

在某种程度上讲，这样的习性跟这些昆虫的食肉本性有关，白面螽斯和绿蟋蟀本质上都是食肉动物。碰到同类的死尸，雌性昆虫会将它吃掉，即便这是它刚才交配过的配偶。

但我们又该如何解释那些素食昆虫的行为呢？在昆虫的繁殖季节，距螽会扑向还活着的配偶，清空它的内脏，将它吃掉。

欢欣鼓舞的蟋蟀到了这个季节会显示出它的另一面：它会攻击配偶，而这个配偶不久前还弹奏着热情洋溢的小夜曲向它示爱呢。它会撕咬对方的翅膀，将它的腿脚扯掉，甚至还会将这位演奏家咬上几口。在交配结束后，雌性昆虫对雄性昆虫的憎恶很可能是一种相当普遍的情况，食肉昆虫尤其如此。但这个残暴习性的目的究竟是什么？等到时机成熟的时候，我想我应该能找到答案。

蜜蜂杀手：欧洲狼蜂

在膜翅目昆虫中，有一个种类让人尤为惊讶：它们在痴迷于采集花蜜之余，还从事捕猎。动物的粮仓里储存着一些猎物是一件很自然的事情，但如果它的食物是花蜜，那么它捕杀动物这件事就显得非同寻常。我们惊讶地发现，一个采花者居然还是一个嗜血者。但再仔细想一下，我们也就没那么惊讶了。表面上看起来，它享用的是两种食物，但事实上，一个以花蜜为食的胃是容不下动物脂肪的。蜾蠃蜂在咬开猎物的尾部后，就懒得再去碰触猎物的躯体了，因为这种食物实在不对它的胃口，它中意的只是那些从猎物肠子一端分泌出来的液体——它们原本是该猎物自卫时释放的液体。但对蜾蠃蜂而言，它是一种美味的饮料，在享用完花蜜大餐后，它会时不时地吸上几口，有时作为佐料，有时作为开胃菜或通便剂，甚至可能是花蜜的替代品，没有谁知道其动机究竟是什么。虽然我不清楚这种液体的品质如何，但至少就我看到的情况而言，蜾蠃蜂对它情有独钟。一旦肠液流尽，虫子就被当作废渣扔在一边，这表明蜾蠃蜂并不是肉食动物。这样一来，我们就帮金花虫的捕猎者洗脱了荤素通吃的恶名。

我们甚至可以怀疑，有些昆虫会为了满足家庭的需要而从事捕猎活动。蜾蠃蜂那种咬开猎物肠道的手段实在太不寻常了，估计不会有很多的追随者；对其他种类的昆虫来说，这种谋生方式可有可无，也不好操作。但还存在着其他利用猎物的手段。例如，当猎物被叮咬了一下，瘫痪了过去，或处在麻木的状态中，肚子里还存有流质或半流质的美味食物，这时候作为猎手，它会不会去掠夺这个半死不活的动物，并设法迫使它吐出胃里的食物呢？很有可能存在着这样一些垂死昆虫的掠杀者，它们感兴趣的不是肉食，而是猎物胃里的汁液。

实际上，的确有这样的昆虫，而且数量还不少。我们首先要引证的就是蜜蜂的捕猎者——欧洲狼蜂。很长时间以来，我一直在思考，欧洲狼蜂之所以要劫掠其他动物，可能是出于它自身的利益，因为我多次撞见它在贪婪地舔舐满嘴是蜂蜜的蜜蜂。我猜测，它捕杀蜜蜂可能不完全是为了自家的幼虫。这个猜测值得用实验去验证一下。在那段时间里，我还对另一个课题感兴趣，我想要好好研究一下各种不同的捕食者处理猎物时所采用的方法。我使用的是之前提到过的自制笼子将欧洲狼蜂关起来，它成了我这个课题的第一手资料。它的热情表现超乎我的想象，让我感到自己似乎拥有一种无与伦比的观察方法，通过它，我可以一次又一次地亲眼见证到在野外难以看见的情形。我与欧洲狼蜂的相伴经验让我相信这项新的研究必将大有收获！不过，不要过早下结论，让我们先将捕食者和猎物放到玻璃罩下面吧。我将这个实验推荐给了熟悉膜翅目昆虫螫针的所有人。该实验无须长时间的等待，实验结果也十分明确。一旦猎物落到捕食者的攻击位置上，它就会冲上去，一口将对方咬死。以下就是我对这个悲剧的具体描述：

我将一只欧洲狼蜂和两三只蜜蜂放在钟形玻璃罩下。它们沿着光线较为充足的一面玻璃墙爬行，一会往上，一会往下，想要逃跑。对它们而言，在这个光滑而垂直的表面上爬行并没有什么难度。不一会儿，它们开始安静下来，那个捕猎者开始环顾四周。它的触须伸向前方，探寻着信息；后腿抬起，大腿那里还带着些许颤抖；头部随着蜜蜂的爬行方向转来转去。从它准备攻击的姿势上，我们可以很明显地看到它那种残暴的企图，以及它推迟攻击的耐心。终于，进攻发动了，欧洲狼蜂向猎物扑了过去。

它们翻滚着纠缠在一起。但缠斗很快就平息了，刺杀者开始享用它的战利品。我曾经看到欧洲狼蜂采用过两种方法，第一种方法更常见一些：蜜蜂仰面躺着，而欧洲狼蜂则用六条腿抓住对方，用上颚咬住对方的颈部。此时，欧洲狼蜂的腹部向前卷曲，它摸索了一会，找准了蜜蜂颈部的一个点，将螫针刺入其中。过了一会儿，一切都结束了，但凶手并没有放开猎物，还紧紧抓着它。欧洲狼蜂将自己的腹部恢复到原样，贴在它的猎物的腹部上。

第二种方法就是欧洲狼蜂进行直立式攻击。凭着后腿和翅膀末端的支撑，它直立起身体，用四只前爪面对面地抓住蜜蜂。为了给最后一击寻找一个有利的位置，它像小孩子摆弄洋娃娃一样，笨拙地将那只可怜的小蜜蜂翻来覆去。因为有后腿和尾翼形成一个稳固的三点支撑，它的站姿颇为优美。随后，它不断向前卷曲着腹部，就像之前那样，将螫针刺入了蜜蜂的颈部。其姿势之独特超过了我所见过的任何昆虫。

在我们探索自然现象的过程中，往往难免有些残酷。为了完全确定螫针的威力，为了对这个可怕的凶手有一个全面的了解，我忍不住策划了更多的“密室谋杀”，数量之多我都羞于承认。我观察到，欧洲狼蜂的螫针无一例外都是从蜜蜂的颈部扎入。在为最后一击做准备的过程中，欧洲狼蜂的腹部末端会碰触到对方的胸部或腹部，但从不在那些地方逗留，它的螫针也没有出鞘。螫针出鞘的动作很明显，不可能逃过我的眼睛。一旦开始缠斗，欧洲狼蜂就会全情投入，以至于我揭开玻璃盖子，用放大镜仔细观察整个过程，它都一点也没受到干扰。

确认伤口总是在同一位置之后，我把蜜蜂的头部往后掰，这样就可以打开头与身体相连的关节。我看到，在我们可以称之为下巴的部位下方，有一个白色的小点，面积还不到一平方毫米。这个点没有受到角质层的保护，细嫩的皮肤暴露在外。就在蜜蜂盔甲上的这个薄弱点上，欧洲狼蜂将自己的螯针扎了进去。为什么要选这个点而不是其他部位？这个点是蜜蜂唯一的薄弱之处吗？在蜜蜂的两条前腿下方，掰开其与胸甲相连的关节，你会看到那里有一块皮肤也是没有任何保护的。那里和颈部的皮肤一样细嫩，但面积要大得多。在蜜蜂的角质盔甲上，没有比这更大的缺口了。如果欧洲狼蜂仅仅依据是否薄弱来选择其攻击的目标，那么它毫无疑问会攻击这个地方，而不是百折不挠地去搜寻对方颈部那个小小的缺口；它也不会摸索或犹豫，而是第一时间就能找到破绽。不，主导毒刺攻击的并不是便利性。凶手无视对方胸甲处的大缺口，而宁愿选择颚下的小缺口，这是为什么呢？现在我们就来说一说这背后的原因。

在蜜蜂刚被针刺的那一刻，我将它从攻击者手里解救了出来。首先让我震惊的是，蜜蜂的触角和嘴巴各部分器官都在一瞬间陷入了呆滞的状态，大多数被捕杀昆虫的触角和器官一般都会挣扎很长一段时间。以前在陷入瘫痪的受害者身上所表现出来的种种现象，例如触角缓缓地摆动、下颚一开一合、触须颤抖，像这样的状况会持续几天、几周甚至几个月。但这次我没能看到这样的情况。蜜蜂的大腿抖动最多一两分钟之后，它就一动不动了。像这样突然的瘫痪让我不由得想到，欧洲狼蜂刺入的是蜜蜂颈部的神经节，因此也就造成了蜜蜂头部各器官的衰竭——蜜蜂是真的死了，而不是假死。欧洲狼蜂不仅仅麻醉了对方，而且杀死了对方。

这真是一击致命。凶手选择颚下作为攻击点，为的是直达神经分布的核心枢纽——头部神经。一旦刺入，对方就毙命了。昆虫的核心部位受到毒害，必死无疑。如果欧洲狼蜂的目的仅仅是造成瘫痪，那它就会将螯针刺入猎物的胸部缺口，就像节腹泥蜂攻击象虫那样。欧洲狼蜂的目的是完全杀死对方，它想要的是一具尸体，而不是被麻醉的猎物。必须承认，它的猎杀技术相当高超，连人类社会中的凶手都很难超越它。

欧洲狼蜂的攻击姿势是精准而致命的，这一点跟那些想要麻醉对方的猎手有着很大的不同。不论采用的攻击姿势是匍匐还是直立，它始终都头对头、胸对胸地抓住蜜蜂。在这样一个体位上，它可以伸展腹部，够到对方的颈部关节，然后将螯针从颈部斜刺进对方的头部。如果它反向抓着蜜蜂，或者螯针扎入时稍微偏向一点，结果就会完全不同。螯针如果向下穿透，就会首先刺入胸部神经节，那样只会引起对方局部的瘫痪。要毒杀一只可怜的蜜蜂，欧洲狼蜂运用的技艺可真不简单哪！这个杀手是在什么样的剑术学校学到了这个从颚下向上斜刺的可怕招数？而它的受害者——这个在建筑上造诣深厚的蜜蜂，又怎会在自我防卫方面如此一无所知呢？侵略者不仅果断、凌厉，还配有一把长剑，这把剑令人生畏，一旦被刺到，剧痛无比——我可是亲身领教过的！多少世纪以来，欧洲狼蜂都会在它的密室里储存蜜蜂的尸体，而那个无辜的受害者唯有屈服，它的同伴年复一年地被害都没能教会它如何躲避那精准的一击。我怕自己永远也无法理解这个杀手是怎样获得了一击致命的本领；而那个受害者的盔甲优于对方，力量也不输对方，又怎会只用它的匕首胡乱地刺几下，毫无防守能力。如果一方从司空见惯的攻击演练中学到了某些东西，那么另一方应该也能从这样的防守演练中学到一些。毕竟，在物竞天择的世界里，防守与进攻同样重要。在当今的学者中，不知道有没有人能以卓越的洞见解决这个谜题呢？

请允许我借此机会表达一个让我感到尴尬的另类观点。我觉得，原因是蜜蜂在欧洲狼蜂面前的那种心不在焉——简直可以说是愚钝。我们可能会觉得，被猎杀的昆虫很自然地就会从家族的不幸命运中吸取教训，在猎杀者趋近时，它会焦虑不安。但在我的钟形玻璃或金属网笼子里，我没有看到一丝这样的迹象。我曾经看到它与欧洲狼蜂肩并肩地站在同一朵花上，杀手和受害者正在同一个高脚杯上啜饮；我还看到，当杀手正匍匐在那里准备伺机而动时，蜜蜂却愚蠢地跑过去，想要打探这个陌生人是谁；当杀手跃起时，通常针对的是在它面前经过的蜜蜂。不管蜜蜂是心不在焉，还是出于好奇，总之，都是它们自己投怀送抱的。它们没有惊恐与慌乱，没有任何焦虑的迹象，也没有逃跑的企图。这么多世纪的经验，怎么都没能教会它连更低等的昆虫都具备的辨识能力呢？它怎么就不明白欧洲狼蜂本质上有多凶险、恐怖呢？难道它还指望自己的螫针能保护自己吗？但这个不幸的家伙根本不懂如何防卫。它出手毫无章法，完全是乱刺一气。无论如何，我们还是来看看它最后丧命的时刻吧。

掠食者挥动螫针时，蜜蜂也愤怒地挥舞起它的螫针。我看到那针头一会往这个方向扎，一会往那个方向扎，但不是落空了，就是在凶手弹性很强的背部滑过。这样的攻击效果有限。双方搏斗时，欧洲狼蜂的腹部是向内的，而蜜蜂的腹部则向外，因此后者的针头只能碰到敌人的背面，而那是一个光滑的凸面，被甲壳保护得很好，无懈可击，也找不到可以下手的缺口。欧洲狼蜂则不顾对方的奋起反抗，操起它的"柳叶刀"，以娴熟的刀法精准地实施了"手术"。

致命的一击完成后，凶手会继续面对面地抓着受害者，在它身上待上数分钟，这样做是有原因的。对欧洲狼蜂而言，它目前所处的位置是有危险的。一旦攻击和防守的姿势松懈下来，它那比背部脆弱得多的腹部就会暴露在蜜蜂的螫针之下。此刻蜜蜂虽然已经死去，但它的螫针还可以条件反射地发挥作用。我知道这一点，是因为我为此交过学费：我曾经急于将蜜蜂从掠食者身上分开，处理时也没太在意，结果被狠狠地刺了一下。蜜蜂不甘心没有复仇就死掉，在长时间抱住蜜蜂的过程中，欧洲狼蜂是如何避免被毒刺所伤的呢？会不会在某些时候发生意外呢？很有可能。

以下事实让我相信有这种可能。我将四只蜜蜂、几只长尾管蚜蝇与欧洲狼蜂一起放在钟形玻璃罩里，为的是判断欧洲狼蜂是否能够辨识昆虫种类。结果，在这个异类同处的群体中产生了争执。在一片骚乱中，欧洲狼蜂这个杀手被杀死了。是谁下的毒手？显然不是好动而友善的长尾管蚜蝇，而是其中的一只蜜蜂，它在混乱中偶然地刺中了目标。至于整件事是什么时候，以及是怎样发生的，我并不知道。在我的经验中，这样的意外只发生过一次，但却为解答上述问题提供了线索。蜜蜂是有能力抵挡它的对手的，它是能够用它的毒针杀死那个杀手的。在它落入敌人之手时，它没有做好防卫，那只能归因于它的疏忽，而不是武器太弱。说到这里，我们又回到了原先的那个问题：欧洲狼蜂学会了用于攻击的技能，蜜蜂却怎么没学会用于防卫的技能呢？对于这个难题，我目前只有这样一种解答：前者不用学就会，而后者不会，也学不了。

现在让我们来研究一下欧洲狼蜂杀死而不是麻醉蜜蜂的动机。杀死蜜蜂后，它并没有当下就放开受害者，而是用六个爪子紧紧抓住对方，并开始蹂躏它的尸体。我看到它的颚部极为残忍地钻入蜜蜂的颈关节处，还常常钻入其胸部宽敞的关节处。这是蜜蜂身上的两个缺口中更为薄弱的一个，尽管它没有利用蜜蜂胸部的缺口作为攻击点，但它对那块细嫩皮肤的存在一清二楚。我看到它挤压蜜蜂的胃部，用自己的腹部紧紧压在上面，试图压瘪它。这种残忍的手段令人震惊。此时，它不再需要小心谨慎，也不再需要高超的技能。蜜蜂是一具死尸，一点外加的挤压并不会破坏它作为食物的质量，前提是不要让血流出来；况且，不管摧残如何粗暴，但在蜜蜂的身体上，我连一个细小的伤口都没有找到过。

经过这一系列的操作，尤其是对颈部的压迫，它得到了自己想要的结果：蜜蜂胃里的蜜涌到了嘴巴。我看到蜂蜜慢慢地滴出来，贪食者很快就把它舔干净了。这个强盗贪婪地将嘴伸到受害者的舌头上，然后再次压迫其胸部和颈部，再次将自己的腹部压力施加在蜜蜂的蜜囊上，蜜汁一渗出就被它舔得一干二净。这顿盛宴极为放肆：欧洲狼蜂就在蜜蜂的爪子内侧躺着享用美味，时间常常持续半个多小时。最后，被榨干的尸体被弃置在一边。狼蜂似乎会后悔，因为我看到，它时不时地又会回到尸体那里，重复原先的操作。在钟形玻璃罩的顶部转了个弯之后，这个掠食者又回到了受害者那里，再次挤压它，舔舐它的嘴，直到残余的蜜汁一丝不剩。

欧洲狼蜂对于蜜汁的疯狂热情可以用另一种方法得到充分的印证。当第一个受害者被榨干之后，我放入了第二只蜜蜂。很快，它的颈部也被扎了一针；接着，像之前一样，它受尽挤压。第三只蜜蜂的命运相同，但那个强盗依然不知满足。我提供了第四、第五只蜜蜂，欧洲狼蜂全都欣然接受。我的笔记本上显示，欧洲狼蜂在我眼皮底下连续杀死了六只蜜蜂，并以同样的手段从它们身上榨干了所有的蜜汁。屠杀结束并不是因为这个贪食者已经满足，而是因为我这个喂食的人遇到了麻烦——在天气干燥的八月，缺少鲜花的花园里昆虫少得可怜。六只被榨干的蜜蜂！那是怎样的一场饕餮盛宴啊！如果我有办法给它加餐，这个贪食的昆虫必定还会大快朵颐！

我们不必为中断提供蜜蜂而感到遗憾，因为我的上述记录已经足以刻画出这个蜜蜂杀手的贪婪习性了。我绝不否认欧洲狼蜂也有自己诚实的谋生手段：我看见它在花丛中安详地汲取花蜜，像其他膜翅目昆虫一样勤劳。事实上，那些雄性欧洲狼蜂是没有螯针的，它们并不知道其他的谋生方式；而那些雌性欧洲狼蜂则在吮吸花蜜之外，也从事打劫的活计。据说，有一种叫"拉巴"的海盗，趁着在海浪中捕获鱼类的海鸟飞起之时，它会猛扑过去，啄它们一口，海鸟嘴里的鱼就会掉下来，然后它自己去接住。这里的受害者至少逃掉了，最多也只是脖子下被啄了一口。而欧洲狼蜂则要肆无忌惮得多——它直接攻击蜜蜂，将其刺死，并为了自己享用而逼迫对方吐出蜂蜜。

没错，它们就是在"享用"，我坚持这个说法。除了上述观察之外，我还有更好的理由来支持这一说法。我在笼子里养了各式各样的膜翅目猎杀类昆虫，以便研究它们的争斗习性。它们都等着我提供猎物，但这并不是一件容易的事情，所以我在笼子里放入了几棵穗状花植物和一簇喷洒了蜂蜜汁的菊花，并依需要而不断更新。我的俘虏们就以此为食。欧洲狼蜂虽然也会品尝滴了蜜的花朵，但对它来说，这些都可有可无。只要我不时地在笼子里放入几只活的蜜蜂，它就心无旁骛了。一天六只是一个比较适中的量。不需要其他食物，仅仅靠着从受害者身上榨取的蜂蜜，这些欧洲狼蜂就能在笼子里待上两三个星期。

显然，只要有机会，欧洲狼蜂在野外也会为了生计而捕杀蜜蜂。蜾蠃蜂向金花虫索要的不过是简单的调味佐料——金花虫肠袋里的琼汁；而欧洲狼蜂索要的则是一顿饱餐，至少也是一份可观的加餐，是对方肠胃里的东西。且不说那些被囤积起来的食物，这一帮盗匪光是为了自身的享用就屠杀了多少蜜蜂啊！我就将欧洲狼蜂交给养蜂人去制裁吧。

我们暂时先不去探究这些罪行产生的根本原因。让我们先来看看那些已知的事实吧，它们无论在表面上或在实质上都极为残暴。为了生计，欧洲狼蜂从蜜蜂的收成中征收贡品。由此，我们可以进一步考察一下这个侵略者所使用的方法。它没有按照猎杀动物的习惯将俘获者麻醉，而是杀死它们。这是为什么呢？对看得很清楚的人而言，蜜蜂猝死的必然性是显而易见的。它没有将蜜蜂开膛破肚，因为这样会导致肉质腐化，不适合给幼虫当食物；也没有血腥地摘取蜜蜂的肠胃，它想要做的就是获取蜂蜜。通过娴熟的操作以及巧妙的按摩，它一心想让蜜蜂将蜂蜜吐出来。设想一下，如果蜜蜂在胸部被扎了一下，然后陷入瘫痪。它无法动弹，但还有生命；它的消化器官还保留着全部或部分功能；只要它的肠道没有清空，它就会频繁地排泄。掘土黄蜂的受害者就是一个显著的例证，这些无助的动物尽管已经残废了，但在我提供的一点糖水的帮助下，它们已经存活了四十天。那么，在没有医疗手段、没有催吐剂，也没有胃部插管的情况下，怎样做才能让那个功能完好的肠胃交出它里面的东西呢？蜜蜂对自己的宝贝可是爱护有加，绝不会随便就供奉出来。尽管它已经瘫痪，不能动弹了，但它体内还有能量，它的器官还在抵抗，不会轻易屈服于外在的操控。这时候，只要蜜蜂还有一丝维持肠胃闭合的力气，无论欧洲狼蜂啃噬对方的颈部，还是挤压它的两侧，都无济于事。

如果蜜蜂已经死去，情况就完全不同了。此时，它的肌肉不再紧绷，肠胃的抵抗机制也不起作用了，"盗贼"就能很顺利地清空装着蜂蜜的容器。因此，我们看到，欧洲狼蜂的致命一击也有其不得已的理由，因为这样能很快摧毁器官的收缩能力。这致命的一击该从哪里下手呢？凶手比我们知道得更清楚，它将螫针扎入蜜蜂的颚下。螫针通过颈部这个小小的缺口直达大脑神经，蜜蜂便会立刻毙命。

追查欧洲狼蜂的这些行为还不够，因为每次在找到答案之后，我都会习惯性地提出另一个疑问，直到不可知的花岗岩高墙矗立在我面前。尽管欧洲狼蜂善于逼迫蜜蜂将收获的蜂蜜吐出，但这个邪恶的技能不可能仅仅是获取食物的能力，毕竟它和其他昆虫一样，还有鲜花作为食物的来源。我不认为它的才能单单是由谋取食物的欲望而被激发出来的。这里一定有什么事情逃过了我们的眼睛——它清空蜜蜂的肠胃的真正原因。也许在它的可怕行径背后隐藏着一个值得尊重的原因。这是一个什么样的原因呢？

　　大家都清楚，在碰到这一类的问题时，观察者的脑海里只有一些模糊的感觉。读者有权利去怀疑。我会告诉他我的疑问、对真相的摸索过程以及研究中遇到的关卡，并告诉他我长时间探索的结果。万事万物都有它合理的原因——我完全信服这一点。以至于我很难去相信欧洲狼蜂犯下亵渎尸体的行为的仅仅是为了满足自己的食欲。清空胃腔意味着什么？莫不是……是的！但毕竟，谁又能确切地知道呢？还是让我们顺藤摸瓜去看看吧。

　　身为母亲，最关心的就是家庭的安康。关于欧洲狼蜂，我们目前所知的无非是它的捕杀才能，我们看到它为自己而捕猎。现在，让我们看看它是如何为了后代和家族而捕猎的。区分这样两种捕猎非常简单。如果这昆虫单纯只是想要喝上几口可口的蜂蜜，那么，在清空蜜蜂的肠胃之后，它会极其傲慢地将蜜蜂弃置一旁。蜜蜂的尸体成了废弃物，被扔在现场渐渐萎缩，然后被蚂蚁分解一空。反之，如果这昆虫有其他的企图，它会将尸体作为幼虫的食物储备而存放到储藏室。我观察到，它会用中间的两条腿抓住尸体，然后用其他四条腿行走。它拖着尸体沿着钟形玻璃罩的边缘来来回回地寻找出口，想要将猎物带走。意识到这个圆形围墙出不去，它就会爬到一边，转而用触角托住咬在嘴里的尸体，用六条腿在光滑的垂直墙面上攀行。到达玻璃墙面的顶部后，它在那里待了一会后，又回到了底部。接着，它又重新开始在玻璃墙面上绕圈，在进行了几次尝试后，它最终放下了蜜蜂。它的这份顽固清楚地表明：要是在野外，猎物一定会被直接运到储藏地。

那些为幼虫准备的蜜蜂，就像其他的蜜蜂一样，也是在颚下被螫针扎入。毫无疑问，它们也是死尸，同样遭受了颠弄、挤压，体内的蜂蜜被耗尽。就捕杀它们的方法以及它们随后的遭遇而言，两者之间没有什么区别。

关在笼子里可能会导致欧洲狼蜂行为上的异常表现，所以我决定探究一下它在自由状态下是怎样表现的。在欧洲狼蜂的某个聚集地，我躺在那里等待着它们的出现，我观察的时间可能比预想的还要更久一点。枯燥乏味的等待终于有了结果。大部分捕猎者拖带着蜜蜂，快速进入了自己的蜂巢；有些则在附近的草丛里停下，我看到它们以惯用的方式在舔舐蜜蜂嘴上的蜂蜜。这些准备工作完成后，尸体就被储藏了起来。我所有的疑虑都被消除了：为幼虫准备的蜜蜂预先都被仔细地清空了体内的蜂蜜。

我们刚好谈到这个话题，不如借此机会了解一下欧洲狼蜂在野外的习性。欧洲狼蜂的受害者是在完全死掉的情况下被加以利用的，它们在几天的时间里就会腐烂；有些昆虫则是先麻醉猎物，然后在产卵之前把猎物塞入它们的居室。欧洲狼蜂没有采用这样的方法。它采用的是像沙蜂那样的方法——分不同的时段给幼虫提供食物。随着幼虫的成长，食物的数量会不断地增加。事实也证明了这一推断。我刚才讲到，我在等待观察时的枯燥乏味，确实，这些等待比观察沙蜂时的等待更加乏味。那时，面对节腹泥蜂、象虫、黄翅飞蝗泥蜂的洞穴，看到它们在自己的领地上忙忙碌碌，时间还是不难打发的。那些母亲几乎还没进到自己的巢穴，就又外出了。它们很快便会带着新的猎物回来，然后再次外出。它们进进出出，几乎没有间断，直到把储藏室塞满。

欧洲狼蜂的巢穴完全没有这样热闹，即便是在有一定数量的聚集地也是如此。我的监视常常被延长到整个上午或下午，结果都一无所获，只有在极少数的情况下，一个带着蜜蜂进去的母亲才会再次出发去捕猎。在我漫长的监视下，同一个猎手最多带回两个猎物。一旦家里有了足够的食物，它就会推迟外出打猎，忙于挖掘地下室。直到食物再次短缺，它才会再次外出。当小小的地下室挖成时，我看到一些土被渐渐推到地面上来。除此之外，我看不到任何昆虫活动的迹象，就好像这个洞穴已经被废弃了一样。

要参观欧洲狼蜂的洞穴并非易事。洞穴或垂直、或水平地延伸到坚实的泥土下一米左右。铁锹和铁镐是不可或缺的，它们在专业人士手里一定比在我自己手里挥舞得更为出色，因为挖掘的工作不尽人意。在用麦秸够不到尽头的长廊里，我最终找到了那些椭圆形的小室，但它们的数量和布局我还是看不清楚。

一些小室里已经装有欧洲狼蜂的茧，跟节腹泥蜂的茧一样，也是细长和半透明的，外形跟实验用的那种瓶身椭圆、瓶颈收窄的瓶子有几分相像。茧的末端已经在幼虫的粪便作用下变黑变硬。通过这个末端，整个茧被固定在小室的底部，没有任何其他的支撑。这让我想到一根沿着水平轴插进去的短棍。另外一些单间住着一些已经发育了的幼虫。幼虫正在吞食母亲最近供给的食物，它们的周围是一些被吞食过的食物残渣。还有些单间则存放着还未被食用的蜜蜂，蜜蜂的胸部下方还有一颗欧洲狼蜂产的卵。这只蜜蜂是幼虫的第一批口粮，随着幼虫的发育，会有其他的口粮供应上来。我的预测得到了证实：就像双翅目昆虫的杀手——沙蜂一样，作为蜜蜂杀手的欧洲狼蜂也会将卵产在它们第一个储藏起来的尸体上，这样，幼虫的食物供应就得到了保障。

我们已经讲述了蜜蜂被杀死的原因，但还留下一个十分有意思的问题没有解释：蜜蜂在被交给幼虫之前，为什么它们的蜂蜜也被抢走了？我之前说过，杀死蜜蜂和清空蜂蜜不能单纯用欧洲狼蜂的贪食加以解释。抢走战利品没有什么大不了的，这样的事情司空见惯。但为了清空对方的肠胃而屠杀……不，贪食不可能是唯一的动机。并且，这些蜜蜂在被运到储藏室时，跟其他蜜蜂一样都是被榨干了的。这让我联想到，并不是每个人都喜欢在牛排上涂抹酱料，所以，带着蜂蜜的蜜蜂很可能不符合欧洲狼蜂幼虫的口味，甚至还可能是有害的。假如大快朵颐的幼虫发现嘴下有一只蜜囊，假如那个袋子被无意中咬到，蜜蜂的肠胃就破开了，糖浆就会浸透这个野味。这时，幼虫会有何反应呢？它会喜欢这样的混合物吗？这些幼虫对掺杂进野味的花蜜不会产生厌恶吗？现在回答是或不是并没有什么意义，我们必须去现场看一看。

我弄来了一些欧洲狼蜂的幼虫，它们都已经发育得相当成熟了。我去抓了一些在迷迭香花丛中吸足了花蜜的蜜蜂，将它们提供给那些幼虫。起先它们很欢迎，我没有看到什么能够支持我的猜测的证据；不久之后，幼虫变得憔悴无力，对食物心不在焉，这里咬一下，那里咬一下；最后，它们一个个全都死在没有吃完的食物旁。我所有的努力全都付诸东流了，一次也没能成功地将它们养育到织茧的阶段。但我可不是一个新手，而是昆虫的专业"保姆"。我经手过那么多昆虫，无论是养在废旧沙丁鱼罐头盒里，还是养在天然洞穴中，它们可都走完了所有的成长阶段！我不该在意这次失败。或许，只要我谨慎对待，还能从中获得某些意外的收获。可能它们不适应我房间里的空气，也可能用于铺床的沙子太干燥，而它们细嫩的皮肤只能适应那种温暖而湿润的地下土壤。让我们试试其他办法。

用我刚才那种办法去判断欧洲狼蜂的幼虫是否厌恶蜂蜜很难行得通。它们的第一餐是蜜蜂的肉，之后再也没有什么特别的事情发生。后来，当肉吃得差不多时，幼虫碰到了蜂蜜。如果这时它们表现出犹豫不定和憔悴无力，这些状况发生得太晚了，我们无法就此推断说它们厌恶蜂蜜，幼虫的反应可能是出于其他什么已知或未知的原因。我们必须在一开始就给它们喂食蜂蜜，在那时，人工饲养还没有影响到幼虫的口味。当然，这也是没有用处的，因为食肉动物即便挨饿也不会碰蜂蜜。我必须在肉上加点果酱，也就是说，我必须用刷子在蜜蜂的尸体上抹上一层薄薄的蜂蜜。

在这种情况下，幼虫没有怎么咬蜜蜂的尸体，问题解决了。它咬过蜜蜂之后，就显出很厌恶的样子，从而退缩了，并且犹豫了很长一段时间；接着，因为饥饿难耐，它先从一边，再从另一边又开始咬；最后，它拒绝再碰那只蜜蜂。几天之后，它就在几乎没动过的口粮旁边衰竭而死。其他幼虫出现了同样的状况，也以同样的方式死去。

它们仅仅是因为食物不对胃口而死于饥饿呢？还是因为一开始咬了几口而摄入了少量蜂蜜中毒而死呢？我说不上来。但是，不管是中毒还是厌恶食物，抹了蜂蜜的蜜蜂对它们终究是致命的。这个事实要比之前我用新杀死的蜜蜂做的实验更能说明问题。

　　不管是怕中毒还是不对胃口，这种拒绝碰触蜂蜜的现象跟某种非常普遍的昆虫进食法则有关，很难说它是欧洲狼蜂的幼虫所特有的。在其他食肉幼虫中也存在着这种情况，至少膜翅目类幼虫就是这样。让我们做个实验。我挖出一些幼虫，它们处在中等发育阶段，这样可以避免在遭遇其他不测因素时，因幼虫太小而导致死亡。我取出了它们平时食用的虫子，在它们身上涂上蜂蜜，然后把它们放回到幼虫那里。显然，我还需要做一些区分——不是所有的幼虫都适合用来做实验。那些只食用昆虫整个身体的幼虫必须被剔除出去，例如土蜂幼虫。为了保持尸体新鲜，土蜂幼虫会在一个关键点上攻击它的猎物，然后将它的头颈探入猎物的体内，很娴熟地将内脏剥离开来，直到将猎物吃得干干净净，只剩下一具空壳，它才会再跑出来。

　　在猎物体表涂抹上蜂蜜可能会造成两个问题：首先，我可能会扼杀了猎物体内还残存的生命力，而这点生命力可以让猎物不会迅速腐坏；其次，我还会扰乱幼虫的精妙技艺，它可能无法找到进食的原有节奏，区分不出哪些部位需要按部就班地食用，哪些部位需要到后期再去食用。土蜂幼虫在这方面教会了我很多东西。唯一适合这个实验的是那些以小昆虫为食的幼虫。它们的攻击没有什么特殊的技艺，肢解起猎物来很随意，进食也很迅速。机缘巧合下，我拿来做实验的有这样一些幼虫：各种泥蜂的幼虫，以双翅目昆虫为食；孔夜蛾幼虫，它的食谱包括各种膜翅目昆虫；跗猴步甲幼虫，以小蝗虫为食；蜾蠃幼虫，以叶甲幼虫为生；沙地节腹泥蜂幼虫，以大量屠杀象虫著称。正如我们所看到的那样，食用者和被食用者的种类都是五花八门的。不过，在所有这些例证中，只要在它们原本的食谱中加上蜂蜜的佐料，那些食物就会变成致命的。不管是因为中毒，还是因为讨厌食物，在几天的时间里，这些幼虫全都死了。

　　一个离奇的结果！作为蜜蜂在幼虫和成虫这两个阶段的唯一食谱，花蜜也是捕猎型昆虫在成虫阶段的唯一食物。但是，对于这种昆虫的幼虫来说，花蜜却是一种令它无比厌恶的东西，很可能还是一种毒药。比起昆虫的蜕变，这种胃口的反转更让我感到惊奇不已。这些昆虫的肠胃到底发生了什么样的改变，以至于幼虫拼命抗拒的东西却成了成虫所渴求的东西？这绝不可能是因器官衰退而导致它不能消化坚硬而营养丰富的食物。那些幼虫能够吞食金花金龟的幼虫，能够啃噬坚硬的蝗虫，能够咽下富含脂肪的各种野味，它们必定具有足以自豪的咽喉功能和适应性很强的肠胃。但这些生机勃勃的食客却死于饥饿或中毒，罪魁祸首无非是一两滴糖浆而已, 那可是十分轻量级的食物, 连最弱小的幼虫都能适应。更何况它还是成虫所喜爱的美味。这幼虫的肠胃还真是不可捉摸啊!

这些食物调整上的实验有时候必须通过反向操作来达到目的。食肉幼虫是因蜂蜜而丧生的。反过来, 以蜜为食的幼虫会不会被肉食所害呢? 这里, 就像之前一样, 我们还是需要排除某些例外, 通过筛选样本来进行观察。很显然, 如果给条蜂和壁蜂的幼虫提供一堆小蝗虫, 我们得到的一定是残酷的拒绝——以蜜为食的幼虫是不会碰这些食物的。我们需要抹了蜜的蜜蜂的对等物。也就是说, 我们必须给这些幼虫提供它们的常用食物, 并在里面混入肉类。我会用蛋清这样的食物来做实验, 蛋白质是纤维蛋白的同分异构体, 是所有肉类食物的主要成分。

三叉壁蜂食用的蜜大部分是由花粉构成的干蜜, 从这一点上看, 它比其他昆虫都更适合被用来做这样的实验。我在干蜜中掺入蛋白, 并逐步加大蛋白的用量, 直到它的含量大大超过了干蜜本身。这样, 我就制成了各种不同黏稠度的膏状物, 但全都具有一定的强度, 足以支撑住幼虫的身体, 不会淹没它。如果混合物不够黏稠, 变成了流质物, 幼虫就有被淹死的危险。最后, 我在每一种蛋白膏状物上都放了一只发育适中的幼虫。

这种食物并没有引起幼虫的厌恶, 它们甚至觉得食物的味道还不错，幼虫们毫不犹豫地吞食起来。看上去，这种食物完全符合它们的胃口。如果这种食物没有按照我的配方被修改过，那出现这种现象是再好不过了。食物全都被吃完了，甚至包括那些我担心含有太多蛋白配比的食物。而且，更重要的是，吃了这种食物的壁蜂幼虫发育正常，还结了茧，到来年，成虫就会破茧而出。尽管食用了掺有蛋白的食物，整个演化周期却一帆风顺，演化顺利地完成了。

　　我们可以从这些实验中得出怎样的结论呢？我承认我有点尴尬。生物学认为万物皆由卵而生。所有动物从一开始都是食肉性的，它们在卵中获取营养并发育成形，而蛋白是卵的主要成分。最高等的哺乳动物相当长一段时间都是以此为食，它们依靠母乳为生，其中富含酪蛋白，它是蛋白的另一种同分异构体。食谷类雏鸟起初也以蠕虫和幼虫为食，这些虫子最适合它们柔弱的肠胃。许多较为低等的动物一生下来就要靠自己觅食，它们也是以肉食为生的。通过这种方式，原始的营养供应方法得到了延续，这种以肉长肉、以血生血的方法只需简单地改变食物的形态，而不需要任何化学反应。等到幼虫发育成熟后，它们的肠胃会变得更加有力，它们就可能开始将植物加入自己的菜单。尽管植物更易于获取，但在消化中会涉及更多复杂的化学反应。于是，草料替代了母乳，谷物替代了蠕虫，花蜜替代了昆虫。

这样，膜翅目昆虫的双重食谱——它们的幼虫以死去或瘫痪的昆虫为食，到了成虫阶段则以花蜜为食——就得到了部分的解释。但这本身就是个问题，之前碰到过，现在又冒出来了。为什么壁蜂的幼虫可以依靠蛋白而发育，却在早期又以花蜜来喂养呢？为什么蜜蜂从一开始就以植物为食，而其他同类昆虫却以动物为食？

如果我是个"转化论者"，面对这样的问题，我一定会十分欣喜。是的，我会说，每个动物从虫卵阶段开始就秉承了食肉的本性。尤其是昆虫，它们起初都是以蛋白物质为食的。很多幼虫都保留了虫卵期的饮食习惯，很多成虫也是如此。但是，为了填饱肚子，为了存活，它们需要有比不稳定的捕猎更好的营生方式。人类起初是一个饥饿的猎手，后来就开始蓄养动物，成了牧羊人，为的就是在饥荒之际不至于断了食物；后来，他们渐渐地受到启发，开始耕种土地，这个办法给他的生活提供了一定的保障。从匮乏到基本满足，从基本满足到富足，在一路的演化中，农业就形成了。

较低等的动物在进步之路上要领先于人类。无论是幼虫还是成虫，欧洲狼蜂的祖先早在第三季冰川时期就以捕猎为生，它们既为自身也为后代捕猎。它们捕猎并不仅限于像它们如今的后代那样吸食蜜蜂的肠胃，还会将整只蜜蜂吃个精光。自始至终它们都是食肉性动物。后来出现了一些幸运的先驱，它们发现了一个取之不尽的食物来源——花朵甜蜜的分泌物。它们不用苦苦搜寻，也无须身陷危险的争斗，就能得到这些花蜜。它们的族群就用这种食物取代了原有的食物。以猎物为生的生存方式并不能适应大批量族类的生计需求，因此，这种方式只留存在弱小的幼虫中间，而精力旺盛的成虫则放弃了它，转而投靠了更方便、更有前景的生存大计。今天的欧洲狼蜂就是这样演化而成的，而各种捕猎型昆虫实行的双重饮食制度也是这样形成的。

在这方面，蜜蜂做得还要更好——从虫卵中孵出的那一刻起，它就完全放弃了这种靠运气获取食物的方法。它酿制花蜜喂养幼虫，永久放弃了捕猎活动，专门从事农业。从道义和物质的层面上看，这种昆虫都取得了不小的进步和繁荣，这是捕猎类昆虫远远难以企及的。因此，当那些捕猎昆虫孤军作战时，像条蜂、壁蜂、长须蜂、隧蜂这样的酿蜜昆虫却成群结队，十分兴旺。在这样的群体中，蜜蜂展现了出众的才能，它的本能也得到了出色的发挥。

如果我是一个"转化论者"，我就会说出以上这些话。所有这些逻辑推论都环环相扣，似乎还具备某种事实的依据，正如我们喜欢从"转化论者"的一堆论证中所期待的那样，这些论证无可辩驳。好吧，我为那些热衷于此的人提出了这些推演出来的理论，并且我要毫无歉疚地说，对此我一个字都不相信，我还要坦承，对于这个双重饮食制度，我一无所知。

在做了所有这些实验和研究之后，有一件事我确实看得更清楚了，那就是欧洲狼蜂的战术策略。作为它凶残的盛宴的目击者，由于不知道它的真实动机，我将所有我能想到的不利辞令都用在了它身上，我叫它杀手、土匪、海盗和偷尸贼。无知总是带有侮辱性的，无知者充满了激烈、武断和带有恶意的揣测。事实让我醒悟，我得赶紧向欧洲狼蜂道歉，并表达我对它的尊敬。在清空蜜蜂肠胃的行为中，这位母亲是在履行最值得为人称道的一项职责，它在保护它的家人远离毒物。有时候，它会为了满足自己的食欲杀死蜜蜂，在将蜜蜂榨干之后，将死尸弃置一旁，对这种行为，我不敢贸然称之为犯罪。在良好的愿望下，清空蜜蜂的蜂蜜一旦成为习惯，以至于在除了饥饿没有其他动机的情况下，它很难抵御继续这样做的诱惑。而且，谁说得准呢？或许它事后确实打算为幼虫提供一些食物呢？虽然没有实施，但有这样的动机，它的行为就值得谅解。

因此我收回那些有侮辱性的辞令，以表示我对它的母性的欣赏。蜂蜜会对幼虫造成伤害。作为母亲，它自己喜欢享用蜂蜜，那么它又是怎么知道蜂蜜对它的子女有害呢？我们现有的知识还不能够解答这个问题。但是就像我们看到的那样，蜂蜜确实会置幼虫于死地。所以蜜蜂在被送到幼虫那里之前，必须被清空体内的蜂蜜。

这个过程必须不使蜜蜂受伤，因为幼虫需要的是新鲜的蜜蜂。如果蜜蜂只是瘫痪而没有完全死去，那它的内部器官就会有自然的抗拒反应，那样蜜蜂就很难不受伤，它的蜂蜜也很难被吸干。只有通过损害其原始生命中枢，它才能立刻被杀死。所以，螫针必须刺穿其颈部神经节，那是其他器官所赖以运行的神经中枢。只有通过颈部才能抵达这个地方。正是在这里，螫针扎了进去，就扎在针头大小的一个甲壳缺口上。在这些紧密连接的环节中，只要有一个环节出了错，那么，以蜜蜂为食的欧洲狼蜂也就不可能生存至今了。

花蜜对幼虫是致命的，这是一个影响广泛的事实。各种各样的捕猎昆虫都是用产蜜昆虫来喂养后代的。根据我的了解，其中包括：冠冕狼蜂，它的洞穴里装满了隧蜂；劫掠狼蜂，它自己的个头不大，凡是个头比自己小的隧蜂，它都要捕猎；孔夜蛾用来塞满自己储藏室的大多数都是比它自己弱小的膜翅目昆虫。这几个猎手，还有其他具有相同习性的昆虫，它们对自己的猎物——肠胃满是花蜜的昆虫是怎么做的呢？它们的做法一定也和欧洲狼蜂一样，不然它们的后代会因此而丧命，它们必须挤压蜜蜂的死尸，直到它吐出蜂蜜。我所猜测的一切现象最后都被证实了。但那些重要的证据和观察记录，我打算以后再公布于众。

孔雀天蚕蛾

那是一个令人难忘的夜晚！我想称之为孔雀天蚕蛾之夜。谁不知道这种全欧洲最大的蛾类呢？它极其华丽：身着栗色天鹅绒外衣；领戴白色皮毛；在灰色和棕色相间的翅膀上，一条"之"字形浅色条纹横贯而过；它的翅膀边缘呈烟白色，每个翅膀中央都有一个大圆点，像一只有着黑色瞳仁和多色虹膜的大眼睛。围绕着虹膜的中心弧线，黑色、白色、栗色和紫红色争相闪耀。

孔雀天蚕蛾的幼虫同样惹人注目。它的身体呈暗黄色，在每个体节上都长有一圈黑色的刚毛，刚毛的根部嵌着一粒粒翠绿色的珍珠。它粗壮的褐色虫茧就像一只鳝鱼篓，带有一个奇异的出口通道，你总能在一棵老扁桃树的根部树皮上发现这样的虫茧。这棵树的树叶就是毛虫的食物。

五月六日早上，一只雌性毛虫从它的虫茧中冒了出来，出现在我的实验台上。我立刻把它关进了金属网罩里。此时它刚刚孵化出来，全身湿漉漉的。我没想过要对它做什么，只是出于一个观察者的习惯，把它关进了笼子，随时关注着可能会发生的事情。

我得到了一份很大的回报。大约晚上九点，全家人都去睡觉了，我隔壁的一个房间突然传来一阵嘈杂声。半裸着的小保罗正在冲来撞去，他边跑边跳，还撞翻了椅子，就像中了邪一样。我听到他冲我尖叫道："快来！看看这些飞蛾！像鸟一样大！房间里到处都是！"

我跑了过去。孩子激动而夸张的叫喊看来确实是事出有因。飞蛾入侵住宅，这样的事可从来没有发生过。我们抓到四只飞蛾，将它们关到了鸟笼里。还有不少飞蛾正在天花板下飞来飞去。

这惊人的一幕让我想到了早上我抓到的那个"囚徒"。我跟儿子说："穿上衣服，小子！放下你的鸟笼，跟我来，去看一样值得一看的东西！"

我们走下楼梯，来到屋子右侧的工作室。在厨房那里，我们遇到了佣人，她对发生的事情感到迷惑不解，正在用她的围裙驱赶那些巨大的飞蛾。起初，她还以为它们是蝙蝠。

看来，孔雀天蚕蛾差不多已经占领了整个屋子。引发这次入侵事件的那个雌蛾就被关在楼上，楼上会是怎样的情形？幸运的是，工作室里有两扇窗户，其中一扇半开着，道路畅通无阻。

　　我手里拿着蜡烛，和儿子一起走进了房间。眼前是一幅难以忘怀的景象。那些孔雀天蚕蛾围绕着金属网罩不停地起飞、降落，它们一会儿飞上天花板，一会儿又飞下来，发出轻柔的噼啪声。它们朝着蜡烛飞过来，用翅膀将其扑灭；它们还在我们的肩膀上扑打翅膀，钩住我们的衣服，从我们的脸前掠过。夜间动物在黑暗中涌动，我的工作室简直成了一个亡灵巫师的洞穴！小保罗为了给自己壮胆，握住了我的手，握得非常紧。

　　房间里一共有多少只孔雀天蚕蛾呢？大约二十只。加上分散在厨房、儿童房和其他房间里的，总数将近有四十只。这是一幕令人难忘的景象，这就是孔雀天蚕蛾之夜！不知道怎么得到了消息，近四十只热情的孔雀天蚕蛾从四面八方会集到这里，对着早上在我的工作室周边出生的"妙龄"雌蛾表达殷勤。

　　此时，我不想再打扰这一大群求爱者了。蜡烛的火焰让这些造访者处于危险的境地，它们冒冒失失地投入火焰中，身上都有点烤焦了。明天我们再来恢复这项研究吧，到时候再做一些设计好的实验。

　　在开始讲接下来的事情之前，我先交代一下背景。我观察了八个晚上，每个晚上都有相同的情景。天黑之后，在八点到十点间，那些飞蛾就一只接一只地飞了过来。那时正要下雨，乌云密布，天空阴沉沉的。即便是在花园这种比较开阔的地方，几乎也都是伸手不见五指。

　　要想进入屋内，除了这样的黑暗状况外，孔雀天蚕蛾还面临着其他一些困难。屋子处在大梧桐树的遮蔽之下，门前的走廊两旁满是丁香和蔷薇，如同屋子的前厅；屋子周边是一排排松树和一片片柏树，它们挡住了西北风对屋子的侵袭。在门口几步开外的地方，一丛浓密的长青灌木形成了门前的一个壁垒。这些飞蛾要穿过的就是这样一个绿茵迷宫，而且还是在一片漆黑之中。为了到达朝圣之旅的目的地，它们必须先要找到通道。

　　在这种情况下，猫头鹰都不敢贸然离开它在橄榄树上的树洞。但比起猫头鹰的单瞳孔眼睛，孔雀天蚕蛾的眼睛具有更多面板，它的视力更为出色。它没有任何犹豫，顺利绕过了障碍往前飞去。尽管它在避开所有的障碍时七绕八绕，但始终没有迷失方向，到达时依然神采奕奕，它的大翅膀也毫发无伤。对它而言，黑暗中就有足够的光亮。

　　即便我们假定孔雀天蚕蛾对光线具有某种敏感性，普通视网膜无法感知到这样的光线，但它在这样远的地方还能如此快速地飞向它的目标物，单凭超凡的视力还是无法解释这样的现象。相隔的距离和障碍物的存在使得这种推测显得十分荒谬。

　　此外，抛开光的折射不谈（这里不存在这个问题），光线的指引作用是很精确的，也就是说，光线会直接将它带到目的地。但孔雀天蚕蛾有时候会犯错。它大体上找对了地方，却不知道吸引它的物体在哪。我之前提到过，儿童房在我的工作室的另一侧，而工作室正是这些造访者的目标所在。但在房间被照亮之前，儿童房里却到处都是飞蛾，这些飞蛾一定是被误导了。厨房里也有一群走岔路的造访者，但那里有灯光，这对夜间昆虫是无法抗拒的诱惑，或许这就是它们走岔路的原因。

让我们只考虑那些处在黑暗中的区域吧。那里朝圣者的数量很多。在与它们的目标相邻的房间里，我发现它们几乎无处不在。那只雌蛾在我的工作室里，离打开的窗户仅仅几步路远，但飞蛾并没有全部通过窗户进入。有几只飞蛾从楼下飞进屋内，在大厅到处转悠；它们还飞到楼梯上，楼梯上面却是一道紧闭的大门。

这些情况表明，这些来宾并没有直接飞到目标那里。如果它们是被某种亮光吸引过来的，不管这种亮光是我们已知还是未知的，那么，它们就应该能够直接飞到目标那里。一定是不同于光能的某种东西在远处向它们发出信号，将它们引导到确切地点的附近，然后让它们在经过一番模模糊糊的搜寻之后自己找到目标。这很像是听觉和嗅觉的作用——当我们想要确定声音或气味究竟来自哪里时，它们并不能给我们提供精确的指引。

是什么样的信息告知孔雀天蚕蛾它的配偶在哪个方向，并指引它穿越黑夜一路赶来的呢？它的哪个器官负责接收这样的信息呢？有人猜测是触角。雄性飞蛾长长的羽毛状触角看上去确实能起到探测的作用。这些华美的羽状物只是装饰吗？还是它的嗅觉功能在指引方向的时候能发挥一些作用？在我前面所描述的场景下，用一个实验得出明确的结论似乎不是一件难事。

发生入侵事件后的第二天，我在工作室里发现了八个夜间造访者。它们躲在关着的窗户横档上，一动不动地栖息着。其他飞蛾到晚上十点结束了它们的狂欢，从日夜都开着的另一扇窗户那飞走了。这些留下来的雄蛾正是我做实验用得着的。

我用一把锋利的剪刀，在没有触碰到飞蛾身体的前提下，将它们的触角从根部剪了下来。它们几乎没有注意到我的动作。除了偶尔拍几下翅膀，它们一动不动。它们的状况很好，那些伤口似乎并没有影响到它们。我的举动并没有打扰到它们，能这样那是再好不过了，符合我原先的设计。就这样，它们在窗户的横档上平和且安静地度过了这一天。

还需要做一些安排，尤其是需要改变一下场景，在它们恢复夜间飞行时，不要让那只雌蛾暴露在被剪掉触角的雄蛾面前，否则搜寻的难度就会降低。因此。我将笼子连同雌蛾一起搬走了，将它们放在屋子另一侧的门廊下，离工作室有五十步左右的距离。

夜幕降临，我最后一次前去察看那八只飞蛾。其中六只已经从打开的窗户飞走了，只留下两只，但它们掉到了地板上。我将它们翻了个身，它们甚至没有力气再翻回去。据我观察，它们已经筋疲力尽，奄奄一息。但这不能怪我做的那个手术。像这样的夭折我们见得不少，跟我的手术没有关系。

我将笼子几乎放在了屋外，里面一片漆黑。我不时地带着网兜和灯笼过来看看。我抓住了几个造访者，观察一阵之后立刻就将它们放到附近的一个房间里，然后关上门。这样一次次减少造访者的办法让我能够数清数目，不至于重复计数。此外，那个临时"牢房"又大又宽敞，不会伤及这些昆虫，也不会将它们置于险境，它们在那里找到了一个安静的处所和充足的空间。在余下的实验中，我采取了同样的预防措施。

晚上十点半之后，它们就不再飞过来，接收工作结束了。一共有二十五只雄蛾被我抓住，其中只有一只是丢了自己的触角的。也就是说，在当天早些时候被动过手术的那六只飞蛾中，只有一只返回了，其他几只都飞到了野外，再也没有回来。这是一次糟糕的实验，其结果不足以证明触角是否起到了引导的作用。我得再做一个规模更大的实验。

第二天早上，我去查看昨天抓住的那些雄蛾。我所看到的是一幅惨象。很多雄蛾都散落在地上，不怎么动弹了。我抓了几只放到手里观察，它们都只剩下一点微弱的生命迹象。不知道是什么原因造成了这样的结果。

不过，我还是决定再试一试，或许它们会在恋人面前恢复生机。

二十四个"囚徒"都接受了我的触角切除手术。之前做过手术的那一只飞蛾奄奄一息，我把它排除在一边。最后，在这天余下的时间里，我让笼子的门敞开着，它们想飞走的就可以飞走，想加入联欢的就可以加入。为了测试那些可能飞出房间的飞蛾，看它们会不会去找笼子，我将笼子放到了屋子另一侧的一个房间里。因为，如果我将笼子放在原来的地方，它们飞出去的时候很容易便会发现它。当然，房间是能随便进出的。

在二十四只没有触角的飞蛾中，只有十六只离开了房间，另外八只奄奄一息，飞不动了。在这十六只飞蛾中会有多少只今晚能回到笼子边上呢？一只也没有。这一晚我一共抓住了七只飞蛾，它们都是新来的，都有触角。这个结果似乎可以证明触角切除手术对飞蛾来说有着巨大的影响，但还不足以支持我做出相应的结论，因为还有一个疑点。

被无情地割掉双耳的小狗穆夫拉说："我的状况可真是好呀！我可怎么敢在其他狗面前出现呢？"那么，我的飞蛾会不会有着跟这只小狗一样的忧虑呢？被剥夺了美丽的羽毛装饰，它们会不会羞于出现在竞争者面前，羞于去博取配偶的欢心呢？是它们自身的羞愧，还是指引器官失效了呢？由于求爱的激情能够持续的时间极为短暂，它们难道不会在长时间的尝试之后精疲力竭吗？试验会告诉我到底是怎么回事。

第四个晚上，我抓住了十四只新来的雄蛾。我把它们放到同一个房间里过夜。第二天，趁它们在白昼静止不动，我剪掉了它们前胸或颈部的一些毛发。去除这些丝绒毛发是如此方便，这个小小的削发行为没有打扰到它们，这样做也不会损害到它们以后可能用来搜寻雌性的任何器官。对它们来说，这无关紧要，但对我来说，如果它们将来再次造访，这就是一个明确的标记。

这次，没有一只昆虫是不能飞的。到了晚上，这十四只被削过发的雄蛾飞到了空中。当然，那只笼子又被换到了一个新的地方。在两个小时的时间里，我抓住了二十只雄蛾，有两只是被削过发的。至于昨晚我剪去触角的那些飞蛾，它们一只也没有出现。它们的交配期已经结束了。

在十四只飞蛾里只有两只回来了。为什么其他十二只飞蛾没有出现？它们不是还有所谓的指引装备——触角吗？对此，我只有一个回答：孔雀天蚕蛾在交配期的激情没多久就被耗尽了。

孔雀天蚕蛾生命的唯一目的就是交配，因此，在这方面它被赋予了奇妙的禀赋。不管距离有多远，障碍有多少，它总有能力找到它所渴慕的对象。一连两三个晚上，它花费了好几个小时来寻觅交配对象。如果它一无所获，一切都将结束。它的指南针将失效，灯火也将熄灭。从此以后，生命还有什么意义呢？这动物退缩到一个角落，清心寡欲地睡上最后一觉，幻象终结了，痛苦也终结了。

孔雀天蚕蛾作为飞蛾，为的只是自我延续。它对食物一无所知。当其他种类的飞蛾与蝴蝶从一朵鲜花飞到另一朵鲜花，将自己的"吸管"插入花蜜中畅饮时，这个举世无双的苦行者——孔雀天蚕蛾却完全不受肠胃的奴役，它对重振自己的体力毫无办法。它的口腔只不过是个摆饰，一个没有用处的模拟物，而不是一个可以起到作用的真实器官。没有一滴花蜜进过它的肠胃，这种能力尽管无法长久地维持，但也算是一种神奇的禀赋了。灯火要燃烧，必须加上灯油。孔雀天蚕蛾拒绝味蕾的快感，为此它牺牲了生命。两个或三个晚上，仅够一对飞蛾相遇并交配，一旦超过这个时限，孔雀天蚕蛾便会死去。

那么，那些被剪去触角的孔雀天蚕蛾怎么会没有再出现呢？这是不是可以证明，缺少了触角，它们就不能找到那个在笼子里等待的"囚徒"呢？不是这么回事。就像那些有削发标记的飞蛾一样，它们只能证明一点，那就是，它们的生命走到了尽头。不管有没有被截掉身体的一部分，因为寿命的关系，它们再也做不了什么了，它们没再出现说明不了什么问题。由于缺乏足够的时间来观察，我没能了解到触角在其中所起到的作用。这个作用一直以来都是一个谜，今后仍然如此。

雌蛾在网罩下待了八天。每晚都会吸引一波来自屋子各个角落的造访者。我用网兜抓住它们，尽快将它们放到一个密闭的房间内，让它们在那里过夜。第二天，我给它们做好标记，在它们的前胸那里削掉一些毛发。

这八个晚上被吸引过来的雄蛾数量达到了一百五十只。跟在接下来的两年中为了继续我的研究所需要的飞蛾数量相比，这个数量是相当惊人的。在我居住的地区，虽然能找到一些孔雀天蚕蛾的虫茧，但至少它们是极为稀少的。一连两个冬天，我曾造访了附近所有可能找到虫茧的老扁桃树，检查被浓密的青草和灌木覆盖住的树干底部，但是每一次我都空手而归！这样看来，我的一百五十只飞蛾是来自很远的地方，可能在两百公里以外的地区。它们是怎么知道我工作室里所发生的事情的呢？

有三类媒介能隔空传递信息：光线、声音和气味。在这些造访者飞进窗户后，光线能够很好地为它们指引方向，但在一片陌生的室外环境中，光线又怎么能帮助它们呢？即便有像猞猁那样能透视墙壁的出色视力也还是不够的，我们必须设想一种能穿透数公里的视力才行，没必要继续讨论这种可能性了，总之，光线不可能是那个指引媒介。

　　声音同样没有这种可能性。大体型的昆虫召唤这么远距离的配偶，声音小到微不足道，对方的耳朵再灵敏也听不到。会不会是它发出了一种极为精微或快速的颤动，只有最精密的仪器才能捕捉到？这仅仅是一种猜测。但我们要记住，那些造访者必须在几千公里外接收这样的信息。在这种前提下，去设想声学上的可能性是毫无用处的。

　　还剩下气味这一种可能。气味要比其他感知对象更靠得住一些。例如，它可以解释飞蛾为什么要入侵，以及它们怎么会在最后的关头不能马上找到要搜寻的目标。会不会有这样一种气味，它非常轻微，我们完全无法感知到，但它可以刺激到那些远比人类更加敏感的感知器官？一个简单的实验可以为我们提供线索。我会将这些气味压制住，用另一种强烈而经久的气味将它掩盖，让它干扰昆虫的嗅觉。我开始在房间里喷洒萘，并且在雌蛾的旁边，就是网罩里放上了一个装满萘的器皿。到了夜间雄蛾造访的时间，如果我想闻闻那个气体作坊的味道，只需站在房间门口就行。可惜，我的设计失败了。就像往常一样，飞蛾纷至沓来，飞入房间，在溢满气味的空气中穿行。它们跟进入了一个充满新鲜空气的房间一样，网罩里的气味挥发物对它们毫无影响。

　　我对嗅觉理论的信心发生了动摇。此外，我不能再继续我的实验了。第九天，被毫无结果的等待折腾得精疲力竭之后，雌蛾死去了。在临死前，它把不能孵化的卵排在了笼子的网纱上。雌蛾不在了，在明年的这个季节到来之前，我什么也做不了。

为已经开始做的以及设想要做的实验，我决定下次要做好预防措施和各种准备。我没有拖延，马上投入了工作。

到了夏天，我开始以非常低的价格买进了一些毛虫。

这个买卖市场掌握在附近一些乡野孩子的手中，他们是我的长期供货商。到了周五，逃离了可怕的语法课堂，他们搜遍田野，时不时能够找到一些孔雀天蚕蛾的毛虫，粘在一根棒子的尖头上给我送来。他们不敢碰它，真是一些可怜的小淘气鬼！我把毛虫抓在手里，就像他们抓蚕那样，他们被我的大胆惊得目瞪口呆。

我将它们养育在扁桃树的枝条上，它们很快就结出了很棒的茧。到了冬季，通过对本地树根的辛勤搜寻，我很快就完成了收集的任务。对我的实验感兴趣的朋友也赶过来帮忙。最后，在市场、谈判和搜寻方面经过了一番波折之后，我终于成了一堆虫茧的主人，并为此付出了被灌木多次刮伤的代价。在我得到的这些茧中，有十二个比其他的更大、更重，这说明它们就是雌蛾的茧。

失望在前方守候着我。到了气候变化无常的五月，接连出了很多麻烦事，让我的准备工作全都化为乌有。冬天又回来了。西北风呼啸，撕扯着梧桐树上的枯叶，将它们吹落一地。天气像十二月一样寒冷。我们不得不在晚上烧火取暖，还要穿上厚重的冬衣。

我的飞蛾历尽艰辛。它们孵化得很晚，孵化出来的幼虫的行动也十分迟缓。今天一只，明天一只，按照孵化顺序，雌蛾相继在笼子里孵出，而外面基本没有雄蛾飞过来。我的屋子附近倒还有一些雄蛾，从我收集的虫茧中孵化出来之后，那些带有大触角的雄蛾被我辨认出来，立刻被放到了花园里。不论是近邻，还是远客，很少有朝雌蛾飞来的雄蛾，而飞过来的那些雄蛾又都毫无热情。它们飞进来了一会儿，就又消失了，一去不返。恋人之间的关系就像这个季节一样寒冷。

或许，低温不利于气味的扩散。雌蛾的气味很可能和其他物体的气味一样，在高温下会增强，低温下会减弱。这一年，观察孔雀天蚕蛾的机会又与我擦肩而过。昆虫研究常常是一件令人失望的事情——它依赖于季节，受制于气候的反复无常。

到了第三年，我又重新开始了我的研究。我养育了一些毛虫，并且为了搜寻虫茧而跑遍乡野。当五月再次来临时，我准备得也差不多了。我的期待没有落空，这一季气候不错。那次罕见的孔雀天蚕蛾入侵事件给我留下了很深的印象，让我产生了做实验的念头。这一次，我预感也会有大量的孔雀天蚕蛾出现。

每天晚上，都有大量孔雀天蚕蛾出现在我的房间里。十二只……二十只…… 越来越多的造访者出现了。我用来做实验的那只雌蛾的肚子很大，身材魁梧。它抓着网罩，没有丝毫动静，甚至连翅膀都不煽动一下，让人以为它对所发生的一切漠不关心。在我的家人中，鼻子最灵敏的人都闻不到那里发出的一丝气味，耳朵最敏锐的人都听不到一点声音。雌蛾一动不动、安静内敛地等待着。

那雄蛾呢？两只，三只，很多只……它们很快就从各个方向飞过来，在罩子的圆顶上空煽动着翅膀，盘旋不停。竞争者之间没有发生冲突。每一只雄蛾都在尽力穿越网罩，它们对其他雄蛾没有显示出嫉妒的迹象。被徒劳的行动折腾累了之后，它们就从罩子上离开，加入了同伴们盘旋的行列中。有些雄蛾在感到绝望之后，会从打开的窗户那里飞走，新来者会取代它们加入其中。一直到晚上十点左右，笼子的圆顶盖边上始终是一片飞蛾们争先恐后的景象。它们累了便离开一会儿，很快又会飞回来，周而复始。

每个晚上，我都会改变笼子摆放的位置。我将它放在屋内的北端或南端；放在一楼或二楼；放在室外，或藏在某个偏僻的房间里。所有这些突然的移动，为的就是让那些找寻者闻不到气味，但对它们却不起作用。我本来想要瞒天过海，却白白浪费了自己的时间和精力。

在寻找雌蛾的过程中，对于方位的记忆完全不起作用。例如，前一天晚上，我将笼子放在某一个房间里，那些雄蛾飞进来围着笼子转了几个小时，有些甚至就在那里过夜；第二天太阳落山的时候，在我拿走笼子后，所有飞蛾全都飞出了房门。尽管它们的生命是如此短暂，但那些最年轻的飞蛾还是准备进行第二次甚至第三次的夜间探险。而那些老手去了哪里？

它们很清楚前一天晚上笼子放在哪里，我还期待它们会凭着记忆回到那个位置。发现扑空后，它们才会飞出去继续搜寻。但是，跟我预料的不一样，那样的事并没有发生。没有一只雄蛾回到那个曾经如此拥挤的地点，甚至没有一只会进去看一看。在一般情况下，昆虫应该先过来检查一下，才会知道这个地方是否有它们的目标。但是雄蛾没有进行任何检查，就认定这是一个空房间。一位比记忆更可靠的向导将它们指引到了别的地方。

迄今为止，那只网罩下的雌蛾始终是暴露在外的。这些造访者既然能够在黑夜中看清东西，它们肯定能够在微弱的光线中看到雌蛾。如果我把雌蛾放在一个不透光的容器里，又会怎样呢？这样一个容器会阻碍还是会扩散那个传递信息的气味呢？

科学家已经为我们发明了通过赫兹振动来收发的无

线电报。孔雀天蚕蛾在这方面会不会领先人类一步呢？为了让整个周边区域的雄蛾都躁动起来，唤醒在数公里之外的求爱者，这个新出生的雌蛾会不会使用了某种已知或未知的电磁波——这些电磁波不能穿过某些屏障，却能穿过另一些？简而言之，它会不会以自己的方式运用了一套无线电报系统呢？我看不出这有什么不可能的。人类的许多绝妙发明就是受到昆虫启发的。

根据这个思路，我把雌蛾放在不同材料的盒子里，有锡皮盒、木头盒和纸板盒。我将全部盒子都关得严严实实，甚至还用油性胶泥把接口封固。我也使用了玻璃钟形罩，将它放在一个玻璃基座上。

虽然这个夜晚温暖而安静，是适合交配的好日子。但在盒子密闭的状况下，没有一只雄蛾过来。很显然，无论盒子的材质是玻璃或金属，还是纸板或木头，那些传递信息的气味都无法穿透。

甚至一层两个指头那么厚的棉絮都具有相同的功用。我将一只雌蛾放入大玻璃罐中，在罐口塞了一层薄棉絮，这样做就足以掩盖实验室里的秘密气味，没有一只雄蛾出现。

但当我将雌蛾放入那些没有完全封闭的盒子里，或者放入边缘上有裂口的盒子里时，即便将盒子放入抽屉或衣橱内，我发现雄蛾还是会大量涌来，情形跟之前雌蛾待在网纱笼子里时一样。我记得很清楚，有一个晚上，我将雌蛾藏在衣橱底部的一个帽盒里，那些造访者直接向那个衣橱门飞了过去，用它们的翅膀拍打着门，想要进去。这些在房间里到处转悠的朝圣者们，我不知道它们来自何方，它们穿过田野和草地来到这里，对门背后藏着什么却一清二楚。

看来，认为飞蛾具有跟我们的无线电报一样的信息传递手段，这种想法是错误的。因为任何一种屏障，无论是导体还是绝缘体，都足以屏蔽雌蛾发出的信息。要想让气味畅通无阻，散播到一定远的距离，有一个必备的条件：关押雌蛾的场地不能被完全封死，它与外界必须信息互通。矛头再次指向了气味，尽管这跟我用萘做的实验相互矛盾。

我的虫茧全都孵化了，但问题依然悬而未决。我要不要在第四年再来做一次实验呢？我没有这样做。因为，如果想要密切追踪飞蛾的所有行踪，包括它们的夜间活动，是极为困难的。飞蛾不需要灯光就能达成它的目的，但作为人类，我几乎无法在黑暗的环境中看清周围的东西。我至少需要一支蜡烛，而蜡烛在不断盘旋的蛾群中会不时地被扑灭。一盏灯笼或许可以解决这个问题，但它昏暗的灯光会产生大片的阴影，对观察者来说没有什么帮助，根本没法满足我的需要。

而且，灯光会转移飞蛾的注意力，干扰它们的求偶活动，让实验结果大打折扣。它们在飞进屋来的那一刻会疯狂地冲向火焰，等到被火灼伤后，就对灯火惊恐不已，这对观察者而言并不是什么好事。如果它们没有被灼伤，它们跟灯火之间被玻璃外罩隔开一段距离，它们会尽可能地贴近灯火，并保持静止的状态，就好像被催眠了一样。

一天晚上，装着雌蛾的笼子被放在起居室的桌子上，正对着打开的窗户；天花板上吊着一盏油灯，上面装有乳白色的反光玻璃。那些造访者飞落到网罩的圆顶盖上，争先恐后地趋近那只雌蛾，其他飞蛾则一边向雌蛾行着注目礼，一边飞向油灯，然后围着油灯转了几圈。油灯散发出的光亮让飞蛾痴迷，它们在油灯的反光罩底下停了下来，一动不动。这时候，孩子们早已经迫不及待地伸出手去抓它们。"放了它们！"我说，"我们要尽到地主之谊，别去打扰这些来到这个灯火礼拜堂的朝圣者。"

整个晚上，它们全都一动不动。第二天，它们还停在那里。对灯光的陶醉让它们忘记了爱情的召唤。

飞蛾这样疯狂地迷恋灯光，一旦观察者需要人工光照的时候，实验就无法做得精确和长久。我放弃了对孔雀天蚕蛾及其夜间习性的研究。我需要一种具有不同习性的飞蛾，一种同样对求偶这件事有着极大的兴趣，但是在白天找寻配偶的飞蛾。

在我继续讲述满足这些条件的实验对象之前，请允许我打乱时间顺序，先讲讲在我完成这些实验后遇到的另一个昆虫。我指的是皇帝蛾。

有人给我送来了一个精美的虫茧，虫茧裹着一个宽大的白色丝绸外衣，上面布满了不规则的褶皱。这层外衣很容易被剥离，里面的茧的形状和孔雀天蚕蛾的虫茧差不多，但尺寸要小一些。它的前端收紧，形状如同捕鱼的篓子。昆虫便可以通过这样一个通道从里面钻出来，而不至于破坏它的结构。从虫茧可以看出，这个毛虫与孔雀天蚕蛾是亲戚。

三月末，从这个稀奇的虫茧中诞生了一只雌性飞蛾，我马上把它放入我工作室的金属网钟形罩里。我打开窗户，让它出生的消息能扩散到周边区域，并且将窗户一直开着，这样造访者到来的时候应该就能找到进入的通道。这个俘虏趴在金属网上，一个星期都没有移动自己的位置。

我的这个"囚徒"真是美貌非凡。它身着褐色的丝绒外衣，几条波浪形线条从上面横贯而过；颈部围着白色的皮毛；翅膀末端点缀有胭脂红的斑点；翅膀上有四个眼状斑纹，斑纹由黑色、白色、红色和赭石色构成。这些装饰与孔雀天蚕蛾相差无几，但更加生动。它的大小和装束是如此与众不同！至今我一共只有三四次机会碰见这样的飞蛾，但直到最近才第一次看到它的虫茧。不过，我从来没有见过雄性皇帝蛾，根据书本上的知识，我只知道它仅有雌蛾一半的大小，颜色更加鲜艳，翅膀上带着橘黄色的花纹。

在我居住的地方，这个未曾谋面的优雅生物极为稀少，它会不会出现在这里呢？它会不会在某个遥远的篱笆上接收到我书桌上的雌蛾所发出的信息呢？我猜得没错，它来得比预期的还要早。

正午时分，我们在餐桌前坐下，小保罗因为守着雌蛾而有点迟到了。这时候，他跑了进来，小脸因为兴奋而发着光。在他的手指间，有一只漂亮的飞蛾正扑腾着翅膀。这是刚才小保罗趁它在我工作室前盘旋时抓到的。带着问询的眼神，他将这只飞蛾展示给我看。

"啊哈！"我叫道，"这正是我们等待的那个朝圣者！叠好你的餐巾，我们过去看看是怎么回事，等会再吃饭。"眼前的奇迹让我们都忘记了吃饭这件事。雄蛾以一种难以置信的速度及时响应了雌蛾的召唤，迅速赶来与它相会。它们历经曲折，一只接一只先后赶了过来。它们都是从北方飞来的，这个细节很重要。这一周严冬折返，寒风凛冽，将扁桃树的花朵摧残殆尽。在南方，这种来势汹汹的风暴通常是春天的前奏。现在，尽管北风依然在吹，但气温突然回暖了。

如今，所有这些赶来的飞蛾都是从北边进入房间的。它们都顺着风的方向飞来，没有一只是逆风而行的。如果引导它们的是嗅觉，如果它们是被飘在空中的气味分子吸引过来的，那它们应该从相反的方向飞过来。如果它们从南边飞来，我们或许会相信，它们闻到了由风携带过去的气味；而如果它们是从北方飞来，这个时节的强风早就将气味吹散了，我们很难想象，它们在那么远的距离是如何闻到气味的呢？气味分子逆气流而行，这在我看来似乎是行不通的。

这些造访者来到我工作室的外墙前面，在灿烂的阳光下待了近两个小时。它们一会儿探察墙面，一会儿掠地飞行，寻寻觅觅了很长一段时间。它们仿佛犹豫不前，我猜测它们迷失了方向，找不到那个将它们招引来的诱饵。尽管它们在长途跋涉的过程中没有出什么差错，但似乎一到目的地就找不到方向。不管怎样，最后它们都进入了房间，向那个俘虏行礼致意，但似乎已经意兴阑珊了。下午两点，一切都结束了。这次有十只雄性皇帝蛾飞来。

整整一个星期，飞蛾总是在中午——太阳最亮的时候飞过来，但数量逐渐减少。最后总数达到了四十只。重复做实验没有任何用处，不会为我增加更多的新知识。我只想陈述两个事实：首先，皇帝蛾是白昼活动的飞蛾，也就是说，它是在阳光炫目的中午进行交配仪式的——它需要借助阳光的强大能量；而孔雀天蚕蛾正好相反，尽管两者无论在毛虫还是成虫阶段都有很多相似性。孔雀天蚕蛾需要黑暗，它喜欢夜幕初降的那几个小时。这种在习性上的差异，谁又能解释得清楚呢？

其次，强大的气流将相反方向的所有微粒都清扫一空，其中也包括气味。但据我们所知，飞蛾们却能沿着没有气味的风向到达目的地。

为了继续进行研究，我需要一只白昼活动的飞蛾。不是皇帝蛾，它出现得太晚了，已经没有什么可供研究的了。我需要的是另外一种飞蛾，随便哪一种都好，只要它能及时赶赴婚宴就行。我能找到这样的飞蛾吗？

橡 树 蛾

　　是的，我会找到它的。我甚至已经拥有了它。有一个七岁的小男孩，模样机警，不经常洗脸，光着脚，一条破旧的马裤挂在一根做腰带的绳子上。他经常光顾我这里，卖给我们大头菜和西红柿。有一天，他提着菜篮来到我家。在收下了卖蔬菜的几个便士后，他放在掌心一个个地数，他母亲可指望着这些钱呢。紧接着，他从口袋里掏出一样东西，说是前一天割兔子草的时候在篱笆脚下发现的。

　　"还有这个，你要吗？"他一边说着，一边把东西递给我。"怎么啦？我当然要，想法子再去多找一些来，越多越好。到礼拜天，你就可以骑很多次旋转木马了。另外，这里再给你一个便士。交钱的时候别忘了分开，不要把它跟菜钱搞混了，这钱你自己放好。"这个小家伙对这笔小钱露出了满意的笑容，在心里盼望着下一笔钱财，答应要帮我好好找找。

　　他走了之后，我仔细看了看这东西。我必须好好检查一下，这可是一个完好的虫茧。它厚厚的，两头粗钝，跟蚕茧很像，手感很结实，颜色是黄褐色的。稍稍翻阅一下参考书，我差不多就确定，这是一个橡树蛾的茧。如果真的是这样，那可真是一个大发现！我可以用它来继续我的研究，或许能够厘清在研究孔雀天蚕蛾中碰到的疑点。

事实上，橡树蛾是一种典型的飞蛾，没有一部昆虫学著作会不讲它在交配时期的表现。据说，雌蛾是在房间里的密闭盒子中，从虫蛹里孵化出来的。它远离乡野，身处大城市的喧嚣之中。不管怎样，树林里和草地上的雄蛾最终还是得知了这个消息。顺着某个神秘的"指南针"的指引，那些雄蛾从远方的田野急速飞来。它们来到盒子边，用翅膀扑打盒子，并在房间里飞来飞去。

这一类奇闻我是从书上读到的，但要亲眼看到这样的事情，并同时设计实验进行观察，就是另一回事了。我买来的这东西身上藏着什么样的秘密呢？那有名的橡树蛾会从中孵出吗？

让我们换一个名字来称呼它，就叫它绑带修士吧。修士这样名字取自雄蛾的装束，它的外形像修士穿的锈红色长袍。雌蛾的装束稍有不同，它将棕色"棉布"换成了漂亮的"天鹅绒"，一对前翅上饰有浅色横条带子以及像眼睛一样的小白斑。

这修士可不像一般的飞蛾，谁都可以在当季用网兜捕捉到。在我住了二十年的地方，我可从来没在村子里或者自家园地的僻静处看到过它。没错，我不是一个狂热的捕捉者，那些收集者壁柜里的昆虫尸体从来都不能引起我的兴趣，我想要的是活着的、功能正常的昆虫。虽然我没有收集者的那种痴迷劲，但我有一双专注的眼睛，留意着田野里飞行或爬行的所有昆虫。一只尺寸和着色如此不同寻常的昆虫不可能逃过我的双眼。

那个我答应奖励他骑旋转木马的小男孩再也没能找到第二只这样的虫茧。三年内，我不断地向朋友和邻居们征集，尤其是他们的孩子，他们可都是眼明手快的小机灵鬼，我自己则经常在枯叶堆下翻找。我查看过石头堆，检查过树干上的空穴，全都徒劳无功，一个虫茧也没有发现。总之一句话，珍贵的小阔条纹蝶在我的周边地区极其稀少。这一事实的重要性很快就将显露。

就像我猜测的那样，这只虫茧确实是橡树蛾的虫茧。八月二十日，一只雌蛾从里面钻了出来：它胖乎乎的，肚子很大，颜色跟雄蛾相似，但色泽更浅。我将它放进实验台中央的钟形罩里，实验台上散落着书籍、短颈大口瓶、瓦钵、盒子和其他一些器具。在讲孔雀天蚕蛾时，我曾经描述过这里的情形。光线透过面对花园的两扇窗户照进房间，一扇窗户关着，另一扇则日夜都开着。雌蛾被放在遮阴处，处在两扇窗户的中间位置。

当天和第二天都没有发生什么值得特别关注的事情。这只俘虏用脚抓着网罩上靠近光亮的一面，一副呆滞不动的模样。它的翅膀没有摆动，触角也没有颤动，这一点跟雌性孔雀天蚕蛾没什么两样。

这只昆虫日渐成熟，它幼嫩的机体逐渐坚实了起来。通过目前科学家还一无所知的秘密"程序"，它向四周散发神秘的信息，这种信息能将它的配偶从四面八方招引过来。在雌蛾体内，究竟发生了什么？其转化过程又是怎样的？是什么导致其影响遍及整个乡村？

第三天，"新娘"准备好了，"婚宴"热热闹闹地开始了。当时我正在花园里，这么多天过去了，什么也没有发生，早已让我心生绝望。好在快到下午三点的时候，烈日暴晒，天气变得非常炎热，我看到一群飞蛾正在打开的窗户入口处盘旋。

这些"情郎们"终于前来造访它们的求偶对象了。它们有些飞出了房间，有些飞了进去，还有一些在墙上停住休息，似乎在长途跋涉之后已经精疲力竭。我看到一些雄蛾飞过一排排柏树和高墙，正从远方飞过来。它们来自四面八方，但到后来数量越来越少。我错过了这次集会的开幕式，此刻，"客人"差不多都到齐了。

我跑到屋内，上了楼。这一次，在阳光之下发生的一切都一览无余，看得清清楚楚。我再次亲眼看到了孔雀天蚕蛾第一次让我见识到的惊人景象。工作室里聚集着一群雄性橡树蛾，估计有六十只左右，在一片混乱中，我很难数清楚到底有多少只。在笼子上方转了几圈之后，许多雄蛾向窗口飞去，但立刻又返回，重新开始这个朝圣仪式。那些最急切的求偶者们都停留在罩盖上。它们相互践踏，相互推搡，争先恐后地抢占最有利的位置。在网纱的另一边，那只雌性昆虫将它的身子吊在网纱上，一动不动地等待着。面对着这喧闹的场景，它没有表现出一丝兴奋之情。

这些雄蛾在房间里进进出出，或躲在罩盖上，或在室内翻飞。三个多小时的时间里，它们一直在跳着狂热的舞蹈。直到太阳开始落山，气温也慢慢降了下去，它们的热情也冷却了下来。有许多飞出去的昆虫没再返回。其他的昆虫则占住一个位置，等待着第二天的欢庆。就像孔雀天蚕蛾一样，它们也都躲在关闭的窗户的窗棂上。欢快的一天结束了，第二天它们必定还会再来，因为网罩的阻挡让它们这一天的求偶活动没能成功。

但是，让我大失所望的是，求偶活动没能重演。责任在我，当天晚些时候，有人给我送来一只螳螂，因为它体型格外小，值得仔细地观察一番。由于我还在想着下午的事情，便心不在焉地将这个捕猎动物放到了雌蛾的同一个网罩下。当时我没想到，这样的共处会带来什么样的伤害。这只螳螂是这样纤弱，而那只橡树蛾却很壮实。

　　唉，我一点也不了解，螳螂小小的爪子会在杀戮天性的驱使下变得如此疯狂！第二天早上，我发现那只小小的螳螂正在吞食雌蛾，雌蛾的头部和前胸部分早就不见了。可怕的动物！在这样一个歹毒的时刻，你来到我这里。再见了，我的研究！再见了，多少个夜晚在我脑海中不断浮现的计划！之后的三年时间，因为缺乏实验对象，我都没能继续这项工作。

　　但是，霉运没有让我忘记我所学到的那一点点东西。仅仅一次就有六十只雄蛾前来。考虑到橡树蛾的稀有性，想想我多年无果的搜寻，这个数字还真有点令人瞠目结舌了。在雌蛾的召唤下，平时找不到的橡树蛾竟然成群结队地出现。

　　它们来自哪里？来自四面八方，而且一定还是相当远的地方。在长时间的搜寻过程中，我已经渐渐熟悉了附近每一片灌木、丛林和乱石堆，我能断定，这些地方找不到橡树蛾。出现像这样一群聚集在我工作室的飞蛾，它们必定是从各个地方飞过来，至于在多少半径范围内，我不敢妄加臆测。

　　三年时间过去了，机缘巧合，又有两个橡树蛾的虫茧落到了我的手上。八月中旬，先后相隔几天，它们相继孵化出了雌蛾，这样我就能够重复和改进我的实验了。

　　我迅速地重做了之前在孔雀天蚕蛾身上取得了良好

效果的实验。在寻找配偶方面，这个白昼朝圣者的技能不输于夜晚朝圣者。我用尽伎俩都骗不过它们。不管网罩放在屋子的哪个部位，它们都能准确无误地找到在网罩囚牢里的"囚徒"。只要盒子没有严格封死，它们总能在壁橱的深处找到它，它们猜出了各种盒子里隐藏的秘密。当盒子被牢牢封住时，它们就不再出现了。至此，我还只是重做了之前针对孔雀天蚕蛾的实验。

将盒子封得严严实实，让里面的空气无法流通。在这种情况下，雄性橡树蛾就没了头绪，不知道那只隐居起来的雌蛾藏在哪里，没有一只雄性橡树蛾前来。甚至，当我将盒子放置在窗台上，它们还是找不到。因此，那些强烈的气味是无法穿过木头、金属、纸板和玻璃等物体的阻隔的。这个观念以双倍的强度再次回到了我的脑海中。

之前我已经证明，萘的强烈气味是无法驱走孔雀天蚕蛾的。原本我以为萘会将雌蛾不能为人类嗅觉所辨别的气味覆盖住，实际上并非如此。我在橡树蛾身上重新做了这个实验。这一次，为了制造气味，甚至臭味，我动用了自己在化学和药物方面所有的知识储备。

我将一打茶碟铺开，有的放在网罩里，有的放在网罩周围，连起来形成一个圆圈。有些茶碟里放上了萘；有些放上了宽叶薰衣草精油；还有一些放上了石油；剩下的茶碟放的则是碱性硫化物的溶液，会发出臭鸡蛋的气味。为了不让"囚徒"窒息，我不能做得太过分。这些都是在早上安排妥当的，等到那些求偶者过来的时候，气味应该充满了整个房间。

下午，实验室里充满了难闻的臭味，其中最主要的是薰衣草精油和硫化氢的气味。必须补充一点，我在这个房间里常年抽烟，烟熏味也很大。这个屋子中的气味集煤气厂、吸烟室、香料作坊、油井和化工厂的气味于一体，它们能不能成功地迷惑那些雄蛾呢？

毫无作用。下午三点左右，大批雄蛾如期而至。它们直接找到了那个笼子。我提前在笼子上盖上了一层厚厚的布，想给它们增加一点难度。它们进来后，身处气味浓郁的空间，雌蛾发出的任何气息都应该都被抹杀掉了，但我没有发现它们表现出任何异常。它们直奔笼子，钻入亚麻布中，试图接触雌蛾。我的伎俩没有起到任何作用。

就这一次实验的结果来说，跟上次对孔雀天蚕蛾所做的实验一样。显而易见，这次实验又碰壁了，照道理来说，我应该放弃雌蛾用气味吸引求偶者这个推论。我之所以没有这样做，是因为一次十分偶然的遇见。机会常常包藏在意外之中，正当我们一无所获之时，它会将我们拉上正轨。

一天下午，我想看看雄蛾进入房间后视觉是否在搜寻中发挥作用，所以我将雌蛾放进一个钟形玻璃罩中，并放入一根带着枯叶的橡树细枝作为它的支撑物。玻璃罩放在桌子上，面对着窗户。求偶者进入房间时不可能看不到这个玻璃罩。然而，房间中的瓦钵有点挡道。瓦钵里装着一层沙子，上面盖着一个网罩，前一个白天和夜晚雌蛾就待在里面，我没有多想就把它放到了房间另一端的地板上，那个角落光线比较暗，距离窗户大概有十来步。

这个实验的结果完全出乎我的预料。没有一只造访者在钟形玻璃罩那里停下来，明明玻璃罩更容易被看到，那里的光线也更充足。雄性橡树蛾连一眼都没看向放置玻璃罩的地方，它们全都飞向房间中那个黑暗的角落，那里放着一个瓦钵和一个餐罩。

它们停在罩顶上，拍打着翅膀，不停地探察。整个下午，直到日落，这些雄性橡树蛾始终都围绕着空瓦钵跳着狂热的舞蹈，可之前诱发它们跳舞的雌蛾并不在里面。最后它们相继离开了，仍然有一些求偶者不想走，它们好像被一股神奇的力量吸引住了。

真是一个奇怪的结果！那些蛾蝶聚集在那个显然什么也没有的地方，还一直待在那里，它们的视觉似乎不起作用。经过那个雌蛾所在的玻璃罩时，它们没有停留片刻，尽管它们飞进飞出的时候本应该看见那只雌性橡树蛾。因为痴迷于诱惑，它们竟将现实置之不顾。

是什么样的诱惑能够将它们蒙蔽成这样？之前一整

天和今天一个上午，雌蛾都待在网罩下。它有时候躲在网纱上，有时候躲在瓦钵的沙子上。毕竟，它有一个膨胀的腹部，被它的腹部长时间接触过的地方都一定会留下气息。这就是它的诱惑、它的催情剂，正是这个东西颠覆了橡树蛾的世界。在那段时间里，沙子吸收了这种气息，然后又从中散发出来。

它们经过关着雌蛾的玻璃"囚牢"，急匆匆地赶往网罩和沙子所在的地方，神奇的催情剂就在那里散发出来。雄性橡树蛾围绕着那个地方，在那里，除了雌蛾曾经逗留过的气味之外，什么也没留下。

无法抗拒的催情剂需要时间来调制。我把它看成是交配期间散发出来的一种气息，只要与一动不动的雌蛾身体相接触，任何接触物都会逐渐受到浸润。如果钟形玻璃罩直接放在桌子上，或者放在玻璃片上，那么里外的流通就会变得不够充分。只要维持这种状况，雄蛾就探测不到气味，也就不会过来。显然，这个实验的失败并不能仅仅归因于玻璃的屏蔽作用，如果我用三个小垫块支撑玻璃罩，在玻璃罩内部和外界空气之间建立起一个自由流通的渠道。尽管房间里的橡树蛾很多，但它们也不会马上聚集在玻璃罩周围，但经过半个小时左右，那些盛着雌性催情剂的体内"蒸馏器"开始运转起来，那些造访者如往常一样，就开始簇拥在钟形玻璃罩的周围。

　　有了这些资料以及这一次意外的发现，我对实验做了一些调整，但获得的都是同样的结论。第二天上午，我把雌蛾放在往常的那个钟形玻璃罩下，并像以前那样给它一个橡树细枝作为栖息地。它匍匐在那里，一半身体埋在枯叶里，几个小时也不动一下，就像死了一样。这样一来，那些枯叶就会沾染上它的散发物。

　　随着每日求偶时刻的临近，我将完全浸透雌蝶散发物的细枝拿出来，并将它放在离打开的窗户不远的一把椅子上。与此同时，我让那只雌蛾继续待在玻璃罩里，将玻璃罩放在房间中央的桌子上。

　　雄性橡树蛾如期而至：一只、两只、三只……一会就有五六只了。它们飞进来，又飞出去，始终绕着窗户转，离椅子上的细枝很近。没有一只雄蛾去距离窗户几步远的大桌子那里，那里有一只雌蛾正在桌上的玻璃罩下等待着。很明显，它们有点迟疑不决，还在不断地寻找。

　　终于找到了。找到的是什么呢？就是上午雌蛾拿它当床榻的那根细枝。它们的翅膀迅速地扑打着，在树叶上落定。它们将树叶上上下下探察了一番，碰触一下，将它撬起、放下、移动，最后细枝掉到了地板上。不管怎样，它们还是在树叶间继续翻找。在它们翅膀的拍击和爪子的钩动下，这一小束枝叶在地板上快速移动，就像被小猫用脚掌击打后的一团废纸。

正当细枝被一群搜查者不断翻看时，两个新来者出现了。在它们经过的地方，放着一把椅子。它们停在上面，就在细枝刚才摆放的地方急切地搜索了起来。但就在离它们以及其他雄蛾的不远处，就是它们渴慕的真正目标——雌蛾所在的玻璃罩甚至都没有遮盖起来。没人注意到它。在地板上，一群雄蛾继续在推搡着那一束上午被雌蛾当作床榻的枝叶；其他的则在椅子上，仔细地检索着那个曾经放过细枝的地方。太阳落山了，离开的时刻到了。而且，那些催情剂也在不断蒸发，愈见稀薄。没有更多可干的事了，那些造访者就离开了。让我们跟它们道别，明天见吧。

接下来的一些实验表明，那根意外启发我的叶枝也可以用其他东西代替。在造访者预期到来之前的一段时间里，我将雌蛾放在法兰绒、纸板或纸张上。我甚至还让它待在木头、玻璃、大理石和金属这样一些坚硬的"行军床"上。在经过时间充足的接触之后，这些物体对雄蛾都有和雌蛾本身一样的吸引力。根据材质的不同，维持吸引力的时间或长或短。纸板、法兰绒、尘埃、沙子和有孔物体维持的时间最长；相反，金属、大理石和玻璃很快就会失去吸引的效力。任何雌蛾栖息过的物体都会通过接触而将气味传到别处，我看到那根细枝从椅子掉到地上后，雄蛾随后就聚集到了那个麦秸座椅上。

在使用某种最好的材料（比如法兰绒）之后，我看到了一幕古怪的情景。在一根长试管或者一个刚够雄蛾通过的窄颈大口瓶里，我放上一块法兰绒，让那只雌蛾整个上午都躺在上面。造访者进入了容器，挣扎着，却无法从容器中飞出去。那是我设计的一个陷阱，通过它，我甚至可以将它们一网打尽。放走那些"囚徒"后，我拿出了那块法兰绒，将它放在一个完全密闭的盒子里，我发现雄蛾被法兰绒接触过的玻璃所吸引，再次进入了陷阱。

现在我确信了。为了召唤田间的雄蛾前来参加婚宴，为了告知和引导身在远处的它们，正值发情期的雌蛾释放出一种极其微妙的气味，这种气味是我们人类的嗅觉器官所无法感知的。我的家人甚至将鼻子贴到雌蛾身上，都没有一个人能够闻到那种微弱的气味——连嗅觉还没钝化的孩子都没有闻到。

在雌蛾栖息过一段时间的所有物体上都会有这种气味。到那时，这个物体就成了与雌性橡树蛾一样的吸引物，直到它上面的气味完全散去。

没有任何可见的东西能够显示这种诱饵的存在。在它们的栖息处，比如一片纸张，上面什么印迹也看不到，也看不出潮湿的痕迹，纸张表面跟被气味沾染之前一样干净。

这个诱惑物的调制十分缓慢，并且在它充分发挥效力之前必定有所积聚。将雌蛾栖息的"床铺"拿走，放到别的地方，这时候它的吸引力就丧失了，没有雄蛾来搭理它。那个被催情剂沾染到的地方才是那些造访者飞赴的方向。但雌蛾很快又会重新散发气味。

根据蛾蝶种类的不同，气味的散发时间也有早晚的不同。刚刚完成蜕变的雌蛾必须先要一些时间来发育，它的器官必须要成熟之后才能发挥作用。孔雀天蚕蛾通常是在早上蜕变，有时候，到了晚上就会有造访者前来。但更常见的是造访者在第二天前来。雌蛾需要大约四十个小时的准备时间。而橡树蛾的交配信息往往要在第三或第四天才发布。

让我们回到触角功能这个问题上。与孔雀天蚕蛾一样，橡树蛾也有一对华丽的触角。我们能不能将这些丝绒"感知器"看作是某种指引方向的罗盘呢？我再次做了在之前的实验中做过的切除手术，但我其实没有将这个试验看得很重要。这些切除了触角的雄蛾没有一只返回的。我们还是不要只根据这个事实就下定论。在孔雀天蚕蛾的实验中，我们观察到有比切除触角更重要的原因导致它们不返回。

此外，家蚕蛾或者苜蓿夜蛾与橡树蛾很像，也有一对华美的触角，这就给我们提出了一个很难回答的问题。我家附近有很多苜蓿夜蛾，甚至在树林里都能找到它的虫茧，这虫茧很容易跟橡树蛾的虫茧混淆。最初我还被这种相似性蒙骗过。我期待从找到的六个虫茧中孵出橡树蛾，到了八月末，我却得到了六个其他品类的雌蛾。尽管我家附近就有不少蛾子，却没有一只雄蛾出现在这些在我屋子里孵出的雌蛾身边。

如果那些宽阔的羽状触角真的是感知器官，能从远处接收信息，那为什么我这些长着华美触角的邻居没有觉察到我工作室里发生的事情呢？为什么它们的羽状"感知器"无视这些信息，而孔雀天蚕蛾却会成群飞来呢？这再次说明，器官的外形并不决定其功能。尽管它们所拥有的器官一样，但某一类昆虫具备某种天赋，另一类却没有。

松露搜寻者：波尔波赛甲虫

在物理学方面，我们在这些日子听说最多的就是伦琴射线，据说它能穿透不透明的物体，把看不见的东西拍摄下来。这是一个伟大的发现，但跟未来我们将遇到的种种惊喜相比，也谈不上有多么了不起。随着我们对事物的认识不断深入，随着科学不断扩展我们的感知能力，那时候，我们在感知上的敏锐度尽管依然不完美，但终将能够成功地超越低等动物。

动物在很多方面的优势真是令人羡慕！它让我们认识到我们对事物的感知是多么有限，我们的感知器官的功能是多么平庸。动物的感知所能延伸到的世界，远远超过我们能够触及的范围，不禁令人叹为观止。

一种在松树上成串爬行的毛虫，背部覆盖有呼吸孔，能够感知即将临近的天气以及预知暴风雨的来袭。捕猎之鸟，可谓是无可比拟的守望者，能够在云端看到地上的一只老鼠。蝙蝠能够引导自己，畅通无阻地穿越拉扎罗·斯帕兰扎尼 ① 设计的纵横交错的线网迷宫。信使鸽子，在远离故乡几百里处，能够飞越辽阔无垠的未知土地，准确无误地回到它的阁楼。能力稍逊的石蜂，也能深入陌生的地域探险，并在长途跋涉后，回到它的蜂巢。

没有见过狗搜寻松露就不能领略到嗅觉的极致水准。这种动物专注职守，循着气味，不快不慢，一路向前。它停下来，用鼻子探查土壤，当气味不明显时，就用爪子刨几下泥土。接着，它的眼睛仿佛在说："就在这里，主人！就在这里！以狗的忠诚之名发誓，这里有松露！"

它说的没错。主人就在那个地方开始挖掘。如果铲子挖偏了方向，狗就在洞底用鼻子嗅，纠正它的主人。石头和树根不会迷惑住它，它一点也不担心，不管松露藏得多深，终会被挖到。狗的鼻子不会撒谎。

我刚提到狗的特长是灵敏的嗅觉。如果你将此理解为鼻腔是狗的感知器官的主力，这倒确实就是我的意思。但被感知到的仅仅是通俗意义上所说的气味——就像我们的感官所感知到的那种气味吗？对此，我有理由加以怀疑，下面我就来展开说说。

---

① 拉扎罗·斯帕兰扎尼（Lazzaro Spallanzani），意大利的天主教牧师、生物学家和生理学家，主要贡献为生理功能、动物繁殖、动物回声定位方面的实验研究。

　　我运气不错，有机会多次跟一只最好的松露搜寻狗合作。这条狗其貌不扬，外观上完全没有什么值得描述的，我渴望看到的是它所展现的技艺。它的血统不明，沉着冷静，是那种不敢与它过分亲热的狗。才干和贫穷往往相伴而行。

　　它的主人是山村里有名的挖菌人。当他确信我的目的不是窃取他的职业秘密，也不想在日后成为他生意上的竞争对手，所以就准许我跟他结伴。他并非很痛快地就答应帮我这个忙。但自从看准我并没有想当学徒，而只是一个好奇的旁观者，想将那些生长在地下的植物画下来、记下来，不会将满袋子的货物运到市场上去兜售，他才开始慷慨地支持我的计划。

　　我们之间约定，让这条狗按照它的本性行事，每次发现目标后，不论找到的东西是大是小，都按照惯例给它指甲大小的一片面包。每一个它刨过的地点都要去挖掘，不管找到的东西价值如何，都要挖出来。主人不凭以往的经验去干预，如果从一个地点的种种迹象中，看不出能获得有价值的东西，也不应该让狗掉头。因为，相比那些很受欢迎的品种，我对那些在市场上无人问津的品种更有兴趣。

　　行动按照约定展开，这一次的地下植物采集硕果累累。有灵敏的狗鼻子相助，我收获甚丰：有大的、小的；新鲜的、腐烂的；有气味的、没气味的；香的、臭的。我对自己的采集成果大为惊叹，里面囊括了这个区域内大部分的地下蘑菇种类。

它们的外形结构是如此多样，更重要的是，还带有各种各样的气味，而在气味这个问题上，最重要的就是多样性！有些蘑菇除了带有一些真菌的隐约气味之外，闻不到别的味道，这种隐约的气味在所有蘑菇身上都有；另外一些闻起来像萝卜、烂掉的包心菜；还有一些会发出腐臭，臭到可以将收集者的住处搞得臭气熏天。只有真正的松露才具有那种美食家钟爱的香气。依照我们的理解，如果气味是狗的唯一向导，那么身处所有这些不同的气味中间，它是如何做到始终追随某种气味的呢？它追随的是不是这些地下蘑菇的普遍气味，即所有品种所共有的那种真菌气味呢？这样一来，一个令人有点尴尬的问题出现了。

我特别注意过普通的伞菌和蘑菇，它们通过使土壤表面裂开而宣告自己即将到来。在这些隐花植物按钮样的头顶部，真菌气味非常明显，我却从来没看到狗停下来。它不屑一顾地走过，没用鼻子嗅，也没用爪子刨。但蘑菇就在地下，它们的气味跟我之前讲过的那种气味没什么区别。

这次出行回来之后，我确信，能够找到松露的鼻子里一定有某个更好的向导。不仅限于我们的感官能够感知到的气味，它一定还能够探测到另一类气味，对我们而言，那完全是一种神秘的味道。对于人类来说，有不可见光——一种影响不到我们的视网膜的光，但显然能影响到其他生物的视网膜；在嗅觉领域里，为什么就不能有一种未知的散发物，我们的感官无从感知，但另一种感官却能够感知呢？

如果说，狗能闻到那种气味让我们困惑，我们没办法确切地讲清楚，甚至都不能揣测那究竟是什么。那么，至少有一点很清楚，那就是：将人类作为唯一的标准是错误的。感知世界要远大于我们人类有限的感知范围。由于我们感知器官的局限性，有多少关乎自然力量相互作用的事实逃过了我们的耳目啊！

未知，一个不可穷尽的领域，未来的人类将与之交手过招。未知为我们储备着一座大粮仓，相比而言，我们目前的知识只不过是路上捡到的几束可怜的稻穗。会不会将来有一天，在科学的镰刀割下的一捆稻子中，上面的稻穗在今天看来荒诞反常、不可思议？这是科学的想象吗？不，想想看，那是无可否认的现实，那些在某些方面比我们更具优势的野性生物已经向我们证实了这一点。

尽管挖菌人经验丰富，尽管他找的东西也会散发出那种香味，但他却无法猜到松露的所在。松露在冬天成熟，埋在地下的几厘米处，他必须通过狗或猪的帮助，才能发现土壤中的秘密。很多昆虫也知道这些秘密，甚至比这两个人类的助手知道得还要清楚。在发现幼虫赖以生存的根茎方面，它们的嗅觉能力格外出色。

从地里挖出的松露已经腐烂，上面满是害虫，我将它放在铺着一层新鲜沙子的玻璃罐里。起先，我得到的是一种淡红色的鞘翅目甲虫，它被称为松露甲虫以及各种双翅目昆虫。其中，有一只食腐的苍蝇，它笨拙的飞行和脆弱无力的样子让我想起在粪便中出现的黄粪蝇。黄粪蝇会在墙角、篱笆或灌木下的地面上找到生存所需。但黄粪蝇是怎么知道松露埋在地下的哪个方位，在多深的地方呢？进到那个深度或者在地表寻找都是不可能的：它纤弱的四肢连一粒沙子都挪不动；它伸展的翅膀会妨碍它在狭窄的通道里穿过；它身上的"丝绒服装"让它无法穿过缝隙。所有这些因素都决定了它做不到。黄粪蝇将卵排放在地面上，但必须是松露所在的准确地点才行。因为，孵出的幼虫不得不到处寻找食物，如果松露的分布又很稀疏，幼虫最终就会死掉。

搜寻松露的黄粪蝇是通过嗅觉获取信息的，这是大自然赋予它的本能。它具有跟松露搜寻狗一样的天赋，并且这种天赋无疑要比狗还高一个等级。因为它天生就知道如何寻找松露，而狗却需要接受人类的训练。

在开阔的树林里搜寻黄粪蝇倒也并不枯燥乏味。但最后，我明白这样的行动是不太可能有结果的。这种昆虫非常稀少，而且稍有响动，它很快就会飞得无影无踪。在这样的情况下，要近距离观察它就意味着不但要耗费大量的时间，还需要一种我觉得自己所缺乏的勤奋劲。在这种蝇身上很难获得的东西，却能在另一种松露的搜寻者那里得到。

这是一种相当小的黑色甲虫，它的腹部苍白且柔软，全身圆滚滚的，个头像樱桃核那么大。它的学名叫波尔波赛甲虫。它的腹尖与鞘翅的边缘摩擦，会发出一种柔和的啾啾声，就像小鸟看到母亲带着食物回巢时发出的声音。雄性甲虫头上还长着一个雅致的触角，跟西班牙蜣螂的触角很像，但要更小一点。

受到这只触角的蒙骗，我起初还误认为它是食粪甲虫中的一员，还把它捉起来饲养。我给它提供了各种各样以为它会喜欢的菜谱，但它碰都不碰。我把它当成什么了？我真是鄙视自己！居然给一个美食家提供粪便！它喜欢的食物，就算不完全是我们的厨师所知的那种松露，那么至少也得是松露的同类。

通过耐心的摸索，我才了解到这一特性。在塞里昂丘陵的南坡，离村子不远处，有片海岸松的树林，中间夹杂着一排排的柏树。将近万圣节，秋雨过后，你会在那里发现很多侵扰松柏的蘑菇或伞菌，特别是美味可口的乳菇，无处不在，擦碰后它会变成绿色，折断后会流出血色的液体。在秋天的一些温暖日子里，这是我的家人最喜欢的散步场所。那里足够远，可以锻炼他们年轻的腿脚，但也足够近，不至于累垮他们。

在那里，可以看到各种各样的东西：一大捆细枝筑成的旧喜鹊窝；在橡树上争食橡栗而打起来的松鸦；翘起小尾巴，忽然从一丛迷迭香中窜逃的兔子；为了积粮过冬，将泥土挖出来堆在家门口的粪金龟。还能看到很多细软的沙土，手摸上去很柔软，适合挖掘地道和修建小屋。小屋上满是青苔，屋顶矗立着充当烟囱的芦苇梢，还有可口的土豆，以及松枝间风琴乐一般的轻声细语。

对孩子们来说，这是一个真实的天堂，是他们学好功课而得到的奖励。大人们也其乐融融，不亦乐乎。至于我自己，很多年来，我一直在观察这里的两种昆虫，我还没能够彻底了解它们的家庭秘密。其中有一种叫米诺多蒂菲的昆虫，其雄性的前胸带有三根指向前方的长矛。古代作家称它为长枪队士兵，因为它的"盔甲"的模样跟马其顿兵阵的三排长矛有得一比。

这种甲虫长得壮实，不怕寒冬。在整个寒冷的季节，只要天气稍微转暖，它就从居所小心翼翼地出门了，在夜幕下收集附近绵羊的粪蛋和被太阳晒干了的老橄榄。它在洞穴尽头将这些东西堆起来，然后关上门，开始享用美餐。它会将食物弄碎，吸干里面的汁液，然后就回到地面，更新它的储备。冬天就这样过去了，除非天气特别恶劣，否则它的食粮不会中断。

　　我在松树间花了很长时间进行观察的第二种昆虫就是波尔波赛甲虫。它的洞穴分布在各处，与米诺多蒂菲的洞穴混杂在一起，但很容易辨认。"长枪队士兵"的洞穴顶上有个很大的土堆，堆成一个大约一指长的圆柱形。每个这样的土堆都是这个小小的挖土工推到外面的泥渣和废料。每当它待在家里拓展地道，或者安静享用自己储藏的食品时，那个孔口就被关上了。

　　波尔波赛甲虫的居所则是敞开的，门口仅仅围着一堆沙土，土堆并不高，至多两三厘米，垂直下沉到松散的泥土中。如果我们首先在外围挖一个壕沟，那个土堆就可以被一块块地挖掉，这样要侦察它的活动就变得很方便。将周围的土堆挖掉之后，洞穴的内部就完全展现在我们眼前了，唯一看不到的部分就是那个半圆柱的凹槽。

　　它的居所里常常一无所有。这种昆虫在里面干完活后，便连夜离开了。它是一个游牧民、一个夜间工作者，离开居所时可以毫不留恋，另起炉灶对它来说很容易。不过，有时候也会碰到它就躲在洞穴的底部，有时候是一只雄的，有时候是一只雌的，但都是独自待着。雌性与雄性甲虫挖起洞来都非常卖力，但它们都是单独干活，不会合作。这里是它的一个临时居所，是各自为自己所挖的，而不是它们生儿育女的家庭住宅。

　　有时候，洞穴里只有一个挖井工在那里忙活；但有时候也会撞上一个并不少见的状况：这个隐士正抱着一个小小的地下蘑菇，那蘑菇可能是完整的，也可能已经被吃掉了一部分。它将这个蘑菇紧抱在胸前，不愿意松开。这是它的战利品、它的家产。散落的碎片表明，我们惊吓到这只正在用餐的甲虫。

让我们夺走它的战利品。这是一种形状不规则的袋囊，它们大小各不相同，有像豌豆那么大的，也有像樱桃那么大的。它们的外表呈红棕色，上面覆盖着精细的疣。内部洁白而光滑，跟表层没有连通。孢子是半透明的卵形，一组八个，装在长长的胶囊袋中。从这些特点，我们可以辨识出，这是一种地下隐花植物，跟松露有亲缘关系，植物学家称之为齿菌孢囊。

由于这一发现，对于波尔波赛甲虫的习性以及它频繁更换洞穴的原因，我们有了新的认识。在宁静的黄昏时刻，这个小小的齿菌孢囊搜寻者开始活动，轻声吱呀着，好像是在鼓舞自己。它勘探土地，探查地下埋着的东西，这些举动跟松露搜寻狗完全相同。嗅觉告诉它，它所渴求的东西就在下面，就在十来厘米厚的沙土下。对宝藏的确切地点有了把握之后，它直直地挖了一口井下去，准确无误地直达地下蘑菇。只要还有食物，它就不再离开这个洞穴。在这口井的底部，它快乐地享用着美食，对进口是敞开还是被堵住，它毫不关心。

美食享用完毕，它就离开了，去寻找下一个战利品，另一个洞穴即将出现，而这个洞穴到时候也会被抛弃。有多少齿菌孢囊被吃掉，就有多少个洞穴被挖出来。对于这只昆虫来说，洞穴只不过是用餐室，或者是朝圣者的一个食物储存站。它就是这样度过了秋天和春天这两个齿菌孢囊生长的季节，从一个居所搬到另一个居所，享受着口腹之乐。

要想在我自己的屋子里研究这种挖菌的昆虫，我必须找到并储存一点它最喜欢的食物。如果我自己去找，没有方向地乱挖一气，结果无非是白费力气。这种隐花植物很稀有，如果没有一个能干的向导来协助我，我很难找到其所在地。松露搜寻者必须有狗的帮助才行，而我的向导应该是波尔波赛甲虫。瞧，我也算是一个迄今不为人知的挖菌人了。尽管我担心，在听说我这个奇特的竞争方式之后，我原来的老师会嘲笑我，但我已经说出了我的秘密。

地下蘑菇只在某些地点生长，但它们往往成群出现。如今，这种甲虫已经用它的精妙嗅觉为我指出了方向，它最喜欢的地方洞穴最多。那就让我们在那些有着大量孔穴的区域开始挖掘吧。波尔波赛甲虫的这些记号果然可靠，在几个小时的时间里，我已经挖出了一把齿菌孢囊，这是我第一次在地下找到这种蘑菇。现在，让我们去抓波尔波赛甲虫吧。很简单，我们需要做的就是把洞穴挖开。

当天晚上，我便开始做实验。我在一个宽大的陶钵里放上筛过的新鲜沙土，然后用一根指头粗的棍子在沙土上挖出六个垂直的洞。这些洞有二十厘米深，彼此保持着适当的间距。我在每个洞的底部都放上一个齿菌孢囊，然后插上一根细麦秸，清楚地标明洞的位置。最后，我在这六个洞里填上沙土并压实。地面被弄得很平整，看不出有什么异样，只有六根麦秸露出地面，这些麦秸对这种昆虫来说毫无意义。我将甲虫释放出来，给它们盖上一个网纱罩。它们一共有八只。

起初，除了疲劳和倦怠之外，我看不到什么动静。它们先是被从洞穴中挖了出来，接着被转移到我的屋子里。被关押在一个陌生的地方，所以难免疲劳。这些流亡者开始逃跑，它们爬上网纱，但最后都跑到了网罩边缘的沙土上。夜幕降临，万籁俱寂。两个小时后，我在这一天里最后一次探访了我的"囚徒"。有三只昆虫依然埋在一层薄薄的沙土里；另外五只昆虫都各自挖出了一口垂直的小井，小井沉到了麦秸的底部，那里就是埋着蘑菇的地方。第二天早上，第六根麦秸处也出现了一个洞穴。

这是观察地下状况的好时机。沿着垂直方向，沙土被一块一块地有序移走，在每一个洞穴的底部，都有一只波尔波赛甲虫在享用齿菌孢囊。

让我们将已经被吃掉了一部分的蘑菇拿来做实验。

得出的结果完全相同。在短短的一个晚上，通过像垂铅线那样垂直的下沉通道，它们直达蘑菇所埋的位置，找到了沙土下的食物。它们没有犹豫，也没有在附近做试探性地挖掘。平整的地面状况印证了这一点，洞穴周围的其他地方都没有被动过，保持着我离开时的样子。这种昆虫不需要依靠视觉就能直达目标，而我需要凭视觉才能做到。它总是在麦秸（我私下的标记）那里开挖，靠嗅闻地面来寻找松露的搜寻狗也很难达到这样的精确度。

齿菌孢囊有一种很强的气味吗？它能将信息准确无误地传递到嗅觉感知者那里吗？完全不是。对我们的嗅觉而言，它是一种中性的物体，任何气味都无法被我们感知。从地里拿起的一块小石头，反而带有一种新鲜泥土难以名状的气息，会给我们的感官留下很强烈的印象。波尔波赛甲虫是狗的竞争对手，它们都是地下蘑菇的搜寻者。如果波尔波赛甲虫能够扩大搜寻目标，它会成为优胜者；然而，它是一个死板的专家，不认其他的蘑菇品种，只认齿菌孢囊。据我所知，没有其他的蘑菇会吸引它。

狗和甲虫在搜查时都是非常贴近地面的，它们寻找的东西也不在很深的地方。地下更深处的幽微气息——松露的气味，狗和甲虫都无法闻到。要在远距离将昆虫或动物吸引过去，气味必须强烈到连人都能闻到。这时候有气味物体的掠食者才会匆匆从各处赶来。

　　如果出于研究的目的，我需要一些昆虫来帮我分解死尸，那我就将一只死掉的鼹鼠放在果园的一角，暴露在阳光下。鼹鼠的尸体由于充满腐败的气体而全身肿胀，全身的毛开始从绿莹莹的皮肤上脱落。这时候，一帮昆虫包括西西弗斯、皮蠹、鞘翅目昆虫和埋葬虫就会赶来。在我的果园中，甚至在附近的地区，如果没有鼹鼠这个诱饵，这样的昆虫平时连一只都找不到。

　　面对这股恶臭，我本能地后退了几步，这时候，这些昆虫早已获得了这个信息，从四面八方远道而来。跟它们相比，我的嗅觉不值一提，但在这个例子中，无论是对它们，还是对我，确确实实都存在着一种我们的语言称之为气味的东西。

　　用蛇根海芋做实验，我还能取得更好的结果。蛇根海芋因其形状特别以及臭气熏天而引人注意。想象一下，它宽阔的枪尖叶片，带着葡萄酒的那种紫色，有半米长；下面卷成一个鸡蛋那么大的卵形袋囊，通过这只袋囊的开口，从底部升起一根中心柱——一根长长的青绿色棍子；底部围着两个圈状物，一个是子房，另一个是雄蕊。简单地说，这个就是蛇根海芋的花，或者更确切地说，是花序。

　　蛇根海芋一连两天散发出一种可怕的尸臭，死狗都不会散发出这样浓烈的气味。在日晒风吹下，这股气味令人憎恶，难以忍受。我顶着恶臭，往前靠近，一幕奇怪的景象出现在我的眼前。

闻到远处传来的恶臭，一帮解剖高手——昆虫飞了过来。它们可解剖过不少动物的尸体，其中有癞蛤蟆、水蛇、蜥蜴、刺猬、田鼠，这些动物都死在农民的铲子下，被捅破了肚皮扔在小路上。这帮昆虫飞落在蛇根海芋宽阔的树叶上，这些青紫的树叶看上去就像是腐尸的碎片，昆虫们为这种类似尸臭的气味所陶醉，不禁手舞足蹈起来。它们滚下陡立的叶面，钻入袋囊中。在烈日烘烤下，没过几个小时，那袋子就已经装得满满的了。

让我们透过袋子狭窄的开口往里瞧瞧。你在别的地方是看不到如此密集的一群昆虫的。它们的脊椎、肚子、鞘翅和爪子全都混杂在一块，涌动翻滚，起起落落，天旋地转，情绪沸腾，简直是一场癫狂发作的纵酒欢宴。

只有寥寥几只虫子从乱众中冒了出来。它们经过中间的那根竿子，或沿着袋子的内壁，爬到袋子的开口处。它们会飞走吗？根本不会。虽然它们几乎已经自由了，但它们还是会坠入漩涡，投入狂欢的盛宴。那种诱惑难以抗拒。它们中没有一只会从这场聚会中中途离场，直到晚上，也可能直到第二天，当冲昏头脑的臭气蒸发殆尽时，它们才会挣脱相互的搂抱，慢吞吞地、依依不舍地离开。在这个袋子的底部，剩下的是一堆已死和将死的躯壳，还有一些残肢断翅，这是这场狂欢难以避免的结果。没过一会儿，木虱、蠼螋和蚂蚁也来到此处，准备打扫战场。

这些昆虫在做什么？它们是花朵的囚徒吗？难道纤毛栅栏让花朵变成了一个只进不出的陷阱？不，它们不是囚徒，它们完全能够自由离开，它们在最后能够大批撤离就是最好的证据。那它们是不是由于受到虚幻气味的欺骗，跑进去排卵安家呢，就像它们在尸体的掩护下所做的那样？也不是，蛇根海芋的袋子里没有任何产卵的痕迹。它们赶来是受了腐尸气味的魅惑，尸臭可是它们的至高享受，由于陶醉其中，它们一路冲进了群虫涌动的漩涡，加入了这个食腐盛宴中。

我很急切地想清点一下被吸引过来的昆虫。在狂欢的高潮时刻，我将袋子里的昆虫倒入一个瓶子中。许多虫子都想逃过我的普查，我希望清点能够准确无误，所以滴上了几滴二硫化物，这群虫子瞬间就安静了下来。结果显示，在这个蛇根海芋的袋子里共有超过四百只虫子。这个群体完全是由两种昆虫构成：皮囊虫和阎魔虫，它们都是春季腐尸和腐肉的狂热分子。

布尔是我的朋友，一条优秀且忠诚的狗。如果说它有什么怪癖的话，这就是其中之一：它会在路面的尘土里找到一具被人踩扁了的鼹鼠干尸，然后用自己的身体惬意地反复摩擦鼹鼠全身，在经过一阵神经质的痉挛之后，它一会儿将鼹鼠往这个方向翻转，一会儿又往另一个方向翻转。

这具尸体是它的小香囊和香水瓶。随心所欲地耍弄一阵，将自己全身弄得香喷喷的之后，它便会起身，抖抖身子，继续上路。它对"香水"的效果十分满意，我们还是不要责备它吧，也不要再说东道西了。总之，大千世界，品味各异。

在这些喜爱死尸气味的昆虫中，难道就没有类似的习性吗？我们看到皮囊虫和阎魔虫匆匆跑去蛇根海芋那边，整天在那里翻滚、涌动，虽然完全不受约束，可以自由逃走，但很多昆虫还是在这个喧嚣的宴席中葬送了生命。它们留下来不是为了食物，因为蛇根海芋没什么吃的可以提供；也不是为了产卵，因为它们不会让幼虫生活在饥馑之乡。这些疯狂的昆虫究竟在做什么呢？显然，就像布尔在翻滚鼹鼠尸体时那样，恶臭令它们迷醉。

这种迷醉将它们从附近各处甚至很远的地方吸引过来，但我们不知道最远有多远。这种在一定距离内就让我们受不了的气味，却成了正找地方安家的埋葬虫的有效指引，凭着这种气味，它长途跋涉，前来找寻小动物的尸体。

波尔波赛甲虫的食物——齿菌孢囊不会散发这样强烈的气味，至少对我们的感官而言，齿菌孢囊是没有气

味的。寻找它的昆虫不是来自远处，而是就在隐花植物
生长的地方。这种地下蘑菇的气味极其微弱，但那些带
有特殊装备的勘探美食家却能轻而易举地感知到它，不
过需要在一个很近的距离范围内——也就是在地面上，
才能感知到。松露搜寻狗也是一样，要将它的鼻子贴
紧地面才能探测到。但狗搜寻的主要目标——真正的松
露，具有一种相当浓郁的气味。

　　然而，对于能找到被囚禁的雌蛾的孔雀天蚕蛾和橡
树蛾，我们在这方面又知道些什么呢？它们从遥远的地
方赶来，那它们感知的又是什么？真的是我们所感知和
认识的一种气味吗？我无法相信。

　　狗是靠近距离嗅闻才找到松露的，但要找到主人，
它靠的是嗅觉以及追随主人的脚步。它能找到几百步外
的松露吗？或者，在完全没有痕迹可循的时候，它能找
到主人吗？不能。尽管它的嗅觉灵敏，但在这方面，狗
是无法跟蛾蝶相媲美的。不管距离有多遥远，也不管有
没有痕迹可循，蛾蝶都能找到目标，任何干扰都不起
作用。

　　众所周知，我们的嗅觉感官接收到的气味是由物体
所散发出来的分子所构成的。有气味的物质发散到空气
中，透过空气，它将或好闻、或难闻的气味传播了出
去。在某种程度上讲，气味和味道是一样的，引起感受
的物质粒子和接收感受的感知器官之间有了接触，气味

或味道就形成了。

显而易见，蛇根海芋会挥发出一种刺激性很强的分子，当它散发到空气中时，我们就闻到了臭味。喜好尸味的皮囊虫和阎魔虫就是从空气中的气味分子那里获知信息的。腐烂的青蛙身上也会散发腐尸味的气体分子，并传播到相当远的地方，从而吸引埋葬虫，让它欣喜不已。

但孔雀天蚕蛾和雌性橡树蛾实际散发出来的是什么样的气味分子呢？就我们的嗅觉而言，什么也闻不到。而这样的诱惑却让雄蛾趋之若鹜，它们散发的气味分子一定渗透到了相当遥远的区域中，半径长达数千米！蛇根海芋的恶臭办不到的事情，对人类来说无味的东西却办到了！不管这个可以辨识出来的物质究竟是什么，人类的头脑还是会抗拒这样的结论。一粒胭脂红可以染红湖泊，而那几乎无味的东西却可以充满辽阔的空间。

更奇特的是，当时我的实验室里气味浓烈，应该早就将那些特别精微的气味掩盖住了，雄蛾飞来时却没有表现出一丁点困惑不解和踟蹰不前的样子。

强音压制弱调，使之不为人知；强光遮蔽弱辉，而光辉的性质是一样的；大浪吞没微波，而波浪的性质是一样的。但雷鸣不会减弱一丝一毫的闪电，炫目的阳光也不会遮蔽哪怕再小的声音。光亮和声音性质不同，所以互不影响。

用宽叶薰衣草、萘和其他气味做的实验似乎可以证明：气味有两种来源。从波动的角度而不是发散的角度来看，孔雀天蚕蛾的问题就能得到解释。在没有散发任何物质的情况下，一个光点以其振动冲击以太 ①，光就扩散到了某个未知震级的范围内。橡树蛾就是以这种或其他某种类似的方式，将信息传递了出去。雌蛾并没有散发物质分子，而是某种与振动有关的东西导致振波传导到远方，这与物质的扩散完全是两码事。

从这个角度看，嗅觉涵盖两个领域：溶入空气的粒子领域和以太波领域。我们仅仅知道前者。昆虫也能感知到这一类的气味。阎魔虫获知蛇根海芋的恶臭，西西弗斯虫获知鼹鼠的腐臭，就是通过这一途经。

第二类气味在空间中的运行要远胜于第一类，我们对此毫无察觉，因为我们缺少感知它的器官。孔雀天蚕蛾和橡树蛾知道它们交配的时间到了。依据生存方式中的不同需求，其他许多昆虫多少也有对这一类气味的感知能力。

就像光一样，气味也有它的"X 射线"。希望科学能够从昆虫那里获得启发，有朝一日也能探测到气味的

---

① 以太，19 世纪的科学家们假想宇宙中到处都存在着一种称之为"以太"的物质，是这种物质作为光的传播介质。但之后的实验表明，没有任何证据能够证明"以太"的存在，因此"以太"理论逐渐被科学界抛弃。

射线。未来的人造鼻子将会为我们打开一个神奇的新
世界。

象态橡栗象

　　有些机器的装置看上去非常不同寻常，在静止不动时，人们很难看出其中的奥妙。但等到整个装置开动起来后，随着齿轮的运转和连杆的来回摆动，这个外观奇特的装置就会展现出精妙的和谐性，各部件都各司其职，合力达成预期的效果。有些昆虫同样如此，比如象虫，特别是象态橡栗象（就像它的名字所喻示的那样，它以橡栗、榛子和其他类似的果实为生）。

　　在我居住的地区，最惹人注目的就是象态橡栗象。它有一个很好的名字，给人以鲜明的印象，加上那个奇异的长鼻子，看上去简直就是一幅现实版的漫画。这鼻子就像是印第安人的细长烟斗，颜色跟马鬃一样呈红棕色，近乎笔直，它是如此之长，为了不被绊倒，这昆虫不得不像拿着一根长枪那样，生硬地举在前面。这根滑稽可笑的长矛鼻子到底有何用处？

　　说到这里，我能想象到读者会耸耸肩膀，表示不屑。没错，如果生活的唯一目的就是不择手段赚取钱财，那么问这样的问题无疑显得荒谬且愚蠢。

幸好还有这样一些人，对他们来说，所有微不足道的事情都是这个宇宙的谜题，值得去探索。他们懂得，思想的面包是用多么微不足道的材料捏合而成的，思想的美食跟小麦制作而成的面包一样重要。他们懂得，通过面包材料的积累，劳动者和探索者都在滋养这个世界。

这样的问题会勾起我们的好奇心，那就让我们来一探究竟吧。在没看到实际操作之前，我们早就怀疑，象态橡栗象的这个了不起的喙是一种类似于钻子的东西，用于在硬物上钻孔。那两个像钻子尖头一样的大颚构成了这个钻子的底座。这一点跟菊花象很像，但它所面临的处境要更困难，它使用这种工具，想必是要安排产卵的地点。

但无论我们的猜测有多么合理，还是不能确认事实是否如此。揭开这一秘密的办法只能是现场观察。

机遇，这个效劳于有耐心的恳求者的仆人，在十月上旬，终于垂青于我，让我看到了劳作中的甲虫。我十分惊讶，因为在这个时节，它们所有的劳作通常都停止了。初寒一到，昆虫研究的季节就过去了。

而且，这天的天气状况很糟：寒风呼啸、冰冷刺骨，嘴唇都被冻裂了。在这样的天气中出去探察荆棘丛，需要坚定的信念才行。如果这个长喙甲虫就如我所想的那样在侵蚀橡栗，要趁它正在劳作时逮住它很不容易。依然泛绿的橡栗已经长得差不多了，再过两三个星期，它们就会变成完全成熟的褐色，随后很快就会掉到地上。

我那看似徒劳的搜寻却以成功收场。在一棵橡树上，我撞上了一只正把喙管插入橡栗的橡栗象甲虫。因为树枝在寒风中摇晃，我没法仔细观察。我摘下那根枝条，将它放在地上。这只昆虫继续干活，没有注意到枝条的移动。橡树旁边有一丛矮树丛为我遮挡狂风，我蹲在甲虫旁边，定睛观察。

这只昆虫牢牢地固定在光滑而陡峭的橡栗曲面上，后来在我的实验室里，它也能够直接爬到直立的玻璃上。它正在钻孔。围绕着它的那个钻孔工具，它缓慢而滑稽地转了半圈，接着它朝相反的方向又转了半圈，就这样一遍又一遍地转动，简而言之，就跟我们在木板上钻孔的动作一样。

一点一点地，这根喙管就深入了橡栗中。一个小时后，喙管整个没入其中。在短暂的休息之后，喙管最终被抽出。接下来会发生些什么呢？什么也没发生。这只橡栗象虫放弃了它的活计，郑重其事地离开了，在一片枯叶中消失不见。当天我就仅了解到这些情况。

但我的兴趣被激发了。在有利于昆虫学家进行观察的几个好天气里，我回到树林中，很快就抓到了不少昆虫，足以住满我实验室里的笼子。这种昆虫干起活来非常缓慢，我预见到这会给观察带来困难，所以我更愿意在室内对它们进行研究。在自己家里，做观察的时间不会受任何限制。

这一先见之明给我带来了好运。如果我在野外树林里想要继续观察橡栗象虫，即便运气再好，无论如何我也不会有耐心去追踪它是怎么挑选橡栗、怎样钻孔、怎样产卵的。就像读者们很快就能看到的那样，这种昆虫对待所有这些事情是多么地严谨、审慎以及一丝不苟。

有三种橡树是象虫科昆虫的栖居所：长青橡树、短柔毛橡树和胭脂虫橡树。如果樵夫不着急砍伐，前两种橡树会长得十分秀美，而胭脂虫橡树只不过是一种矮小的灌木。第一种橡树是这三种树中产量最丰盛，也最受象态橡栗象喜爱的树木。它的橡栗长而坚硬，大小中等，上面覆盖有一些小疣。短柔毛橡树的橡栗通常短小且表面有凹槽，没成熟之前便容易脱落。塞里尼昂 ① 的干旱气候对这种橡树的生长十分不利。橡栗甲虫只有在没有更好的情况下才接受这种橡栗。

胭脂虫橡树是一种奇异的矮灌木，矮到人一跳就可以跳过去。让我惊讶的是它能结出大量橡栗，而且橡栗的个头很大，上面覆盖着一层鳞片。对象态橡栗象来

---

① 塞里尼昂 (Sérignan)，是法国埃罗省的一个市镇，位于该省西南部。

说，胭脂虫橡树是它的最佳选择，这是一个安全而坚固的住所，并且还是一个很大的粮仓。

我从这三种橡树上摘下了几支长了不少橡栗的细枝，将它们插入一个能保证细枝处于新鲜状态的水杯中，然后将水杯放到我的金属网罩的圆顶下面。我又在笼子里放上数量适宜的几对象态橡栗象，将笼子放在我工作室的窗边，那里白天大部分时间都能晒到太阳。现在，让我们保持耐心，密切注意事态的发展。我们应该能获得回报——看到象态橡栗象是如何开采橡栗的。

没过多久，在做好这些准备的两天后，这些昆虫们开工的珍贵时刻到来了。那个外形比雄性更大、钻子也更长的雌性昆虫正在检查橡栗，毫无疑问，它在思考排卵的问题。

它仔细地检查着，前前后后翻遍整颗橡栗。在有疣的壳上爬行很容易，但要在壳面的其他部分行走，脚底没有黏性就不行。有了这个能让它在任何位置上都保持稳定的黏性脚底板，这只昆虫可以在橡栗上上下下的光滑表面上轻松自如地行走。

雌性昆虫做出了选择，认定这颗橡栗品质优良。现在该钻孔了。因为它的喙管特别长，所以很难操控。为了获得机械作用的最佳效果，这个工具必须在橡栗的凸面上垂直钻入。这个在平时置于象虫前方的碍手碍脚的工具，现在必须要安置在象虫下方的位置上。

为了达到这个目的，这只昆虫用后腿将自己抬了起来，以鞘翅尖和后腿形成的三脚架来支撑住自己。难以想象还有比这更加奇怪的姿态了，它笔直地站着，将它的"钻子"拖到自己身体的下方。

现在"钻孔机"已经垂直地对准了橡栗地表面，钻孔工作开始了。具体做法跟我在暴风雨那天在树林里看到的一样。它先是从右到左，再从左到右，缓慢地旋转。这种钻法不像螺旋手钻那样通过不断旋转而钻下去，更像是外科手术使用的套管针，先从一个方向，再从另一个方向，交替磨损，一点一点地往前推进。

在继续往下讲述之前，让我先来记录一个偶然事件，这件事太匪夷所思，不能不讲。我多次发现这昆虫半途死在了做工现场。尸体的姿势十分异常，如果死亡并非庄严之事，那模样定会显得十分好笑。毕竟，这死亡来得那么突然，就在它的施工现场。

它的"钻子"钻入橡栗表面还不深，施工才刚刚开始。就在"钻子"的顶部，跟钻子垂直，象态橡栗象就那么悬在空中，与橡栗表面隔开很远。它已经干燥、硬化了，我不知道它死了多久。它的腿僵硬地收缩在身体下面。即便这些腿脚还保有它们活着时的灵活性和伸展性，它们离橡栗表面依然有一段不短的距离。那么究竟发生了什么，让这只不幸的昆虫像甲虫标本一样被钉在这根"钻子"上呢？

　　原来发生了一个操作事故。由于它的工具很长，所以当这只昆虫开始施工时，必须用两只后腿支撑身体，站得笔直。设想一下，它的两只带有黏性的脚爪只要一打滑、一错位，它就会立刻失去立足点。因为在动工时，它不得不把那根喙管压弯一点，但这时候，被压弯的喙管就有可能将其身体反弹出去。失去立足点后，悬在空中的昆虫只能徒劳地挣扎，此时它作为"安全锚"的脚爪无处落脚。因为没有能够将自己解脱出来的落脚点，所以它就在喙管的一端活活地饿死了。就像工厂里的工人一样，这只昆虫有时候也会成为机器的受害者。让我们祝它好运，小心不要打滑，继续施工。

　　这一次一切顺利，但进度很慢，即使用放大镜看，也看不出它的"钻子"有任何的下沉。这只昆虫不断交替旋转，中间稍作休息，一会又恢复施工。一个小时过去了，两个小时过去了，观察者由于持续的关注而疲惫不堪，我想看到这只甲虫何时拔出它的"钻子"，何时转身把卵排到孔口。至少，这是我所预想的进展。

　　两个小时过去了，我的耐心也被耗尽了。我叫家人过来帮忙，我们三个人轮流看守。我决心不惜一切代价，一定要发现这只昆虫的秘密。

　　幸好我有助手帮我一起看守。八个小时之后——漫长的八个小时，那时将近夜晚，负责看守的家人将我叫了过来。这只昆虫似乎完成了它的工作。事实上，它确实抽出了它的喙管，模样十分谨慎，就好像担心自己的脚会打滑。将工具拔出之后，它的喙管又恢复到了日常的模样。

这一时刻到来了……啊，不！我又一次被骗了。八个小时的看守没有取得任何成果。象态橡栗象逃走了，它放弃了它的橡栗，没有在上面产卵。不过，我之前对在野外树林里进行观察表示怀疑是有道理的。暴露在阳光和风雨中，在橡树间持续不断地进行观察，这种事换谁都受不了。

在整个十月，在我的助手们的帮助下，我注意到，象态橡栗象好几次进行钻孔都没有伴随产卵行为。每个观察者看守的时间跨度各不相同，通常是两三个小时，有时候会超过半天。

这么费劲钻出孔来却又经常放弃不用，这些钻孔行为到底带有什么样的目的呢？让我们先来确定产卵地点，以及幼虫最初的食物来源，或许这样我们就能找到答案。

一个个橡栗还在橡树上，各自嵌在壳斗中，就像未曾发生过被侵害的事情似的。稍加注意，很容易就能辨认出这些被侵害过的橡栗。在离壳斗不远处，在依然呈绿色的光滑外壳上可以看见一个小点，一个小小的针孔。从外观上看，一团狭小的褐色环（坏死的结果）刚出现不久。这是钻孔开口的标志。有时候钻孔会直接穿过橡栗的壳斗，但这种情况很少。

让我们挑选那些最近刚被钻洞的橡栗，也就是说，随着时间的推移，那些钻孔还没有被褐色晕圈包围的橡栗。让我们剥去它们的橡栗壳。许多橡栗里面并没有什么不寻常的东西，象态橡栗象在它们身上钻过，但没有在里面产卵。它们跟我实验室里的橡栗相似，昆虫在上面钻孔钻了好几个小时，但都没有被利用起来。但也有许多橡栗中藏着一颗卵。

然而，不管离钻孔口有多远，这颗卵总是坐落在橡栗的底部，在壳斗里面，在毛茸茸的子叶那里。壳斗外附有一层天鹅皮似的薄膜，这层薄膜从叶柄这个滋养源头那里吸收汁液。我看见一只幼虫在我眼皮底下孵化出来，最初几口吃的食物就是这种薄膜，它是一层细嫩的、棉絮样的东西，湿润多汁，还带有丹宁酸的气味。

就像所有新生的有机物那样，这种食物多汁而易于消化，只有在壳斗和子叶底部之间才能找到，所以，象态橡栗象只在这个特定的部位产卵。这种昆虫十分清楚，这个地方对新生幼虫的肠胃最有利。

在这层薄膜之上是更为粗糙的子叶营养物。在第一顿饮食之后，幼虫焕然一新，继续沿着橡栗的这个部位前进。但它不是硬闯，而是沿着雌性象态橡栗象挖出的通道前进。这条通道里散落着细微的碎屑和咀嚼了一半的残渣。有了这份食物，幼虫的力气大增，开始通过直接探入橡栗果肉的方式来获取食物。

这些情况显示了产卵者的策略。在钻孔之前，为何要前后上下如此仔细地检查橡栗？它的目的是什么？是为了要确定这颗橡栗是否已经被占据了。橡栗的食物储藏十分丰富，但并没有多到能容下两只虫子的程度。事实上，我从来没有在同一个橡栗中发现过两只幼虫。在离开橡栗来到地面之前，始终都只有一只虫子在消化丰盛的食物，将橡栗果肉转化成浅绿色的粉末。最后，橡栗只剩下一个无足轻重的外壳没被吃掉。它们的规矩是：一只幼虫、一颗橡栗。

因此，在把卵托付给橡栗之前进行一次全面的检查，看看橡栗是否已经被占据，是非常重要的。这个潜在的占据者会待在橡栗底部，在壳斗的掩护之下，没有比这更隐蔽的藏身之所了。如果橡栗表面没带有一个细小的刺孔标记，谁能猜到里面还待着一个房客呢？

这个标记就是我的向导。标记的存在表明里面有昆虫居住，或者，至少是一个雌性昆虫曾经准备产卵的地方。橡栗上没有标记就表明它还没有被占据。毫无疑问，象态橡栗象也是通过这样的方式来判断的。

我从高处察看，一眼就能看到整个橡栗，必要时还用放大镜做辅助。把它放在手中翻转几下，检查就结束了。而这只昆虫却不得不在近处检查，它常常需要仔细勘察整个表面，才能探察到那个隐秘的刺孔。更何况，出于家庭利益的考量，它检查起来远比像我这样出于好奇的检查要更加细致。

检查完成，橡栗被鉴定为未被占据。于是，象态橡栗象便使用自己的"钻"钻入表面，转了几个小时。接着经常发生的一件事是：这只昆虫离开了，似乎很鄙视自己的工作成果。但那样耗时费力有什么意义呢？这只昆虫钻入橡栗只是为了解渴和补充养分吗？它将喙管插入橡栗底部只是为了获得几口营养汁吗？这整件事情只是为了解决它自己的饮食问题吗？

虽然惊讶于它为了获得几口营养汁所展现出来的坚韧不拔的品格，但我还是相信答案无非如此，那些雄性昆虫的行为让我不得不放弃这样的想法。它们也都具有长长的喙管，如果它们愿意，钻孔是件很容易的事情。然而，我从来没有看到过一只雄性昆虫站在一个橡栗上钻孔。那么，这种没有结果的劳动背后有什么原因呢？这种节俭的昆虫所需要的食物其实真的不多，它们只要在嫩叶上稍微摄取一点食物，就能维持生计。

当雄性昆虫有闲暇去享受味蕾的快感时，它们无非就是从树叶那里搞一点汁液来品尝，而那个在生殖期内忙忙碌碌的雌性昆虫怎么会将时间大量耗费在钻取橡栗的汁液上呢？不，在橡栗上钻孔不是为了饮用汁液。将喙管扎入后，那雌性昆虫确实有可能吸上一两口，但饮食肯定不是它们原本的目标。

最后，我终于看到问题的症结所在了。就像我说过的那样，虫卵总是在橡栗的底部，在柔软的棉絮状薄层里面，这薄层被叶柄渗出的汁液所滋润，新生的幼虫还没有能力去啃咬较硬的子叶，它们咀嚼的就是这层位于壳斗底部的精细薄层，以其汁液作为食物。

但随着橡栗的成熟，这个薄层就变得越来越硬实，其机体组织由软变硬，由湿变干。在某一个时期，橡栗内部的条件十分有利于幼虫的成长。更早一些的时候，内部的条件还不能满足幼虫的需求；再晚一些的时候，橡栗又过于成熟了。

从橡栗的外观上是看不出它内部的生长情况的。为了了解橡栗的成熟状况，看看其是否适合幼虫的生长，这个雌性昆虫就不得不将它的长喙探入壳斗底部的机体组织里，亲自尝一尝里面的食物。

乳母在喂一匙浓汤之前先要用嘴唇试一下。同样，在将食物留给后代之前，雌性象态橡栗象要将它的喙管探入壳斗底部先尝一下。如果觉得食物还不错，它就在此产卵；如果食物不行，它就立即放弃这个钻孔。这也就解释了为什么在经过耗时且费力的劳动后，有些钻孔被弃置不用：因为经过仔细地探测，雌性昆虫发现壳斗底部的食物不符合要求。在涉及为幼虫提供第一口食物的问题上，雌性象态橡栗象费了很多工夫，它的要求很难被满足。

　　将卵排放在某个地方，在那里，新生幼虫可以找到轻薄、多汁又容易消化的食物，这对那些具有远见的雌性象态橡栗象来说还不够，它们所关心的远不止这些。幼虫需要有一个过渡时期，在这期间，幼虫可以从最初几个小时食用细嫩的食物过渡到食用硬实的橡栗。它们是在母亲用喙管钻出来的孔道里度过这个时期的。在那里，它可以找到一些用喙管刨出来的碎屑。而且，孔道的内壁会因为受损而软化，对幼虫来说，它们要比橡栗的其余部分更加适合食用。

　　在啃咬子叶之前，幼虫实际上先是在这个狭小的孔道里一试身手的。它起初啃食的是孔道里散落的细屑和挂在壁上的褐色碎粒，在足够强壮之后，它才去啃食橡栗果肉，一头扎进去就消失不见了。此时，幼虫的肠胃已经能够适应更为坚硬的食物，剩下的就是一顿极乐的盛宴。

　　为了满足幼虫的需要，这个过渡孔道必须具备一定的长度。所以，母亲必须在钻孔这件事上下工夫。如果钻孔只是为了试尝橡栗底部的物质并辨识其成熟度，那么所钻的孔可能要短得多，因为这个孔可以在靠近底部的一个点上从壳斗那里钻下去。这种昆虫并非不知道这个捷径，我有时候也会看到它在壳斗上钻孔。

　　在这样的一个过程中，我看到的是一只正处于妊娠期的雌性象态橡栗象因为时间紧迫，从而为了尽快获取橡栗的信息所做出的努力。如果橡栗合适，它就会在一个更远的点上重新开始钻孔，穿透橡栗的表面。按照惯例，在一颗卵即将产下时，象态橡栗象都是在尽量离底部较远的位置上钻孔，也就是说，这个孔钻在象态橡栗象的喙管长度允许的最远处。

它花费半天多时间钻出这么长的孔，目的是什么？在离叶茎的不远处，就有一个适合钻孔的点，雌性昆虫不用那么耗时费力，就可以很快钻到幼虫所需营养存在的地方。为什么它要那么顽固地坚持在远处钻孔呢？雌性昆虫这么埋头苦干有它自己的理由，这么做它依然可以通到橡栗的底部，同时它还能为幼虫准备好一个带有易消化的精细食物的长管道，这是一个更有价值的劳动成果。

但这些不都是琐碎的小事吗？不，不是小事，而是重要的大事。这些事情让我们看到储藏最细微的东西所需要付出的艰辛劳动，也让我们见证了一种能够协调各个细节的高级逻辑。

作为一个勤快的母亲，雌性象态橡栗象在这世界上有它的一席之地，值得重视。至少，乌鸦是这么想的。在秋末时节果实越来越稀少时，乌鸦高高兴兴地将这长喙昆虫当成了一顿美餐。这只是一小口食物，但味道鲜美，在橄榄果实稀少的时节，这种昆虫倒不失为一种调剂品。

要是没有乌鸦和它的歌唱对手，春回大地的树林又有什么意思呢？到了春季，乌鸦奏起管乐，庆祝万物复苏，这景观倒也很值得一看。

除了供森林乐手——乌鸦享用的功劳之外，象态橡栗象还有一个作用：调节植物密度。正如所有实至名归的强者一样，橡树非常慷慨，它提供的橡栗数以斗计。大地如何承受得起这样的挥霍呢？森林会因为缺乏空间而窒息，过剩的产量会摧毁正常的秩序。

但丰盛的产量很快就从四面八方吸引来各种食客，它们争先恐后地减轻了大自然的负担。田鼠是树林里的常住居民，它将橡栗藏在自己的干草窝旁的碎石堆里。外来的松鸦不知道从哪里获得了信息，成群结队地飞了过来。在好几个星期的时间里，它们从一棵橡树飞到另一棵橡树，每天都大饱口福，还用一种很像猫被勒住的惨叫声来抒发它们的欣喜之情。随后，它们大功告成，飞回了北方。

象态橡栗象早就预料到了这些情况。早先它已经将卵产在还呈绿色的橡栗上。现在，这些橡栗都掉到了地上，还没成熟就变成了褐色，上面有一个圆圆的小洞，那是幼虫在吃掉果肉之后逃出来的通道。仅仅在一棵橡树下，就可以轻松捡到一篮子像这样已经被侵害了的橡栗壳。比起松鸦和田鼠，象态橡栗象对减少橡栗的过剩贡献更大。

不久之后，人类也赶来了，他们为养猪而忙活。在我的村子里，市镇布告栏会宣告橡栗采摘的具体开放日，这对村民来说可是一个重要的日子。那些最起劲的村民会提前一天跑到树林里，选好最佳的地点。第二天，天刚亮的时候，他们一家人就已经到那里了。父亲用竹竿击打橡树的高枝；母亲穿着麻布围裙，这样她就可以在低矮浓密的灌木丛里穿行，把那些手够得到的橡栗都捡起来；孩子们则在地上各处捡拾。他们装满小篮子后，再装满大篮子和麻袋。

继田鼠、松鸦和象虫等这么多动物来过之后，人类也来了，计算着他们的收获价值多少磅猪肉。在欣喜之余，也有一些遗憾。他们看到这么多散落在地上的橡栗被穿了孔，被糟蹋得一无是处。有人咒骂起这些搞破坏的家伙来，听他那么说，你会以为，那森林似乎只为他一个人存在似的，橡树上长出橡栗似乎也只是为了让他拿去喂猪。

我会这样告诉他：我的朋友，森林本身是无法对侵犯者诉诸法律的，但这倒是件好事：倾向于将橡栗仅仅看作是一串香肠的利己主义会给我们惹上大麻烦。橡树招揽大家都去享受它的果实，我们从中占了大头是因为我们更强大，这是我们仅有的权利。

比我们的权利更重要的是，要在各种消费者之间公平地分配大地上的果实。因为，无论大小，每个消费者都在这个世界中发挥着各自的作用。如果说鸟儿为春机盎然而奏乐歌唱是件好事，那么橡栗被昆虫蛀食也不是一件坏事。在橡栗中，鸟儿的点心已经准备好了。而象态橡栗象呢，这一口美味将营养补充给了鸟儿的翅膀，将音乐送入了它的歌喉。

让乌鸦去歌唱吧，我们还是回来讲讲象虫科昆虫的卵。我们知道卵在哪里：橡栗的底部，因为果实中最细嫩、最多汁的组织就在那里。但它是如何从那么远的一个入口到达那里的呢？没错，这是一个琐碎的小问题，甚至有点孩子气。让我们还是别不屑于这么提问，科学就是由这些孩子气的问题构成的。

第一个把琥珀在袖子上擦拭并发现它能吸引谷糠的人，当然没法预见到日后发现了电流的奇迹。他就像一个孩子那样在逗自己开心。重复、测试并以每一种想象得到的方式进行摸索，这个孩子气的试验最终转化成了这个世界的强大动力之一。

观察者不能忽视任何细节，因为他永远也不会知道，从那些微不足道的事实当中会有什么东西诞生。所以，让我们再次提出这个问题：象态橡栗象的卵是通过什么样的方式抵达离橡栗孔口那么远的地方的？

当一个人还不知道卵的位置，却知道幼虫首先从橡栗的底部开始啃噬，他的答案会是这样的：卵被产在了孔道的入口处，就在橡栗表面上。那只幼虫从母亲钻出的孔道中爬到了藏有它婴儿期食物的橡栗底部。

在掌握充分的资料之前，我也是这样认为的，但这个错误很快就露出了马脚。我看到在一个橡栗上，雌性昆虫有一段时间会将它的腹尖对准它用喙管钻出来的孔道口。就在它刚转身离开时，我摘下了这个橡栗。我猜测那颗卵肯定就在孔道的入口处……但没有，它不在那里，而是在孔道的另一头。我大胆的假设是：它就像是一块石头掉入了一口井。

但我们还是得赶快放弃这个假设：孔道十分狭窄，且内部被刨屑所阻塞，因此这样的事情是不可能发生的。更何况，各个橡栗的叶柄方向不同，有的向上，有的倒悬。只有在叶柄向上的橡栗上，卵才能往下掉。

还有第二种解释，也有一定的风险。这种解释是说："杜鹃会将卵产在草地上，不论产在哪个方位，它都能用它的喙叼起卵，将其放到附近最适合的鸟巢中。"象态橡栗象会不会采用类似的办法呢？它是不是用它的喙管将卵放到了橡栗的底部？在这只昆虫身上，我没有看见能伸向很远的其他工具。

无论如何，我们必须赶快驳回这样一种勉为其难的荒唐解释。象态橡栗象从不随便将卵产在外面，也从不用喙叼起卵。如果它真的这样做，硬将卵塞入一个散落着碎屑的狭窄孔道，那这个脆弱的卵一定会被毁掉。

这个问题令人感到十分困惑。对象态橡栗象的身体结构十分清楚的读者会跟我一样左右为难。蝈蝈有一把马刀形状的产卵器，能够插入地面，将卵产在一个合适的深度。褶翅小蜂有一个探头，可以穿过石蜂的泥水工程，将卵产到虫茧里。而这样的工具，象态橡栗象一个都没有，它只有腹尖。然而它只需将自己的腹尖对准孔道的开口，那颗卵就一下子落到了孔道的底端。

别无他法，只有解剖学能为我们揭开这个谜团。我剖开了一个妊娠期内的雌性昆虫的身体。出现在我眼前的东西让我吃了一惊——一根又长又直的红色"尖头棍"。它跟这昆虫置于头前的工具如此相像，我差点把它称为喙管。它是一根管子，细如马鬃，能够自由活动的一头稍大一些，像老式的榴弹发射筒，根部一头鼓胀成一个卵状胶囊。

这就是产卵器，跟它的"钻孔器"一样大小。它的喙能钻多深，这个产卵器就也能下探多深。在橡栗上开工时，雌性昆虫会选好下钻的地点，以便这两个互补的工具中的每一个都能下探到橡栗底部合意的点位上。

现在，事情就一目了然了。"钻井"工作完成后，孔道已经准备就绪，雌性昆虫转过身，将腹尖搁到孔口上。它抽出产卵器，很容易就穿过了带有散屑的孔道。因为动作迅速和谨慎，它的探针没有被暴露出来，顺利产完卵之后，也没有留下关于探针的一丝迹象。最后，它将这工具升了上来，收回腹内。产完卵它就离开了，我们并没看到它的产卵器。

我的坚持是不对的吗？一个表面上看起来微不足道的事实，可能会引领我找到菊花象早被怀疑的一个现象的证据：长喙管象虫的内部有一根"探针"，一个没有显露在外的腹部喙管。它隐藏在腹部器官中，可以跟蝈蝈的"马刀"相媲美。

豌豆象

　　人们对豌豆的评价很高。自古以来，人类通过悉心培植，一直致力于开发更大、更嫩和更甜的豌豆品种。由于这种植物的适应性很强，所以在人们的细心照料下，它很容易被调教。经过对豌豆品种不断地改进，最终菜农得到了喜出望外的丰收。今天，我们的收成已经远远超出古罗马时期那些瓦罗们[①]和科鲁迈拉们了[②]，今天的豌豆产量更是远远超过从前。当初第一个将豌豆野种撒入土地的人，或许是用岩穴熊的半个颌骨来开垦土地的，岩穴熊的犬齿或许就是他的耕犁！

　　在野生的植物世界中，原始的豌豆藏在哪里？我们

[①] 马尔库斯·特伦提乌斯·瓦罗（Marcus Terentius Varro，公元前116—前27年），古罗马学者和作家，先后写有 74 部著作，以渊博学识受到当时和中世纪学者的崇敬。他唯一流传到现在的完整作品是晚年的《论农业》，是研究古罗马农业生产的重要著述。

[②] 科鲁迈拉（Columella，公元 4—70 年），罗马帝国作家，著有 12 卷的《论农业》。

自己的土地上没有与之相像的东西。在别处可以找到吗？对此，植物学家一言不发，或者用含糊其辞的可能性加以搪塞。

对那些可供食用的大多数植物的原始形态，我们同样一无所知。让我们吃上面包的小麦来自哪里？没有人知道。在这里找不到它，在国外也找不到，有的只是那些人工种植的小麦。在农业诞生地的东方，植物学家也从来没有遇到过在野地上自己长成的神圣麦穗。

黑麦、大麦和燕麦；胡萝卜和红萝卜；甜菜和南瓜，还有很多蔬菜，它们的来源都同样令我们感到困惑。对于它们的谱系，我们不是一无所知，就是只能猜测与怀疑。在充满活力的野性状态下，大自然将它们交到我们手上，正如今天大自然给我们提供桑葚、野李子、黑莓和螃蟹一样，当大自然把这些交给我们时，它们还处在不尽完善的草图阶段，为的是让我们去开发和完成，让我们用技能和劳动耐心地去滋养它们的果肉。这是资本的最早形式，放在耕种者这个原始银行里，资本的利息不断增长。

作为食物储备的谷物和蔬菜，大部分都是人类培植的结果。这些基本的食物品种在原始状态下都很贫瘠，我们将它们从植物世界的自然宝藏中挑选出来。这些经过改良的品种具有较高的营养价值，是人工技艺的结晶。

如果说小麦、豌豆和所有其他粮食对我们是必不可少的，那么，作为一个合理的回馈，我们对它们的料理和呵护也是不可或缺的。我们的需求造就了它们。如果任其自生自灭，面对严酷的生存环境，它们终将无力抵御。尽管它们的种子不计其数，依然会迅速地灭绝。就像不设羊圈，愚笨的羊群就会四散不见。

它们是我们的劳动结晶，但不一定是我们独占的财产。无论什么时候，只要食物积存了起来，就有偷食者从四面八方赶来囤积。它们不请自来地享用这个盛宴，食物越丰足，它们的数量也就越多。只有人类能够促成农业上的丰收，但人类事实上却成为大宴宾客的宴会主办人。人类生产了更丰盛、更美味的粮食，也招来了成千上万饥肠辘辘的动物。尽管严加防范，也于事无补。他生产得越多，需要交纳的贡品就越多。对偷食的昆虫来说，大规模的农业和粮食丰产是一件大好事。

这是大自然固有的法则。大自然一视同仁，它对偷食者和生产者不加区分。它让小麦成熟，为的不光是我们这些耕种、收割、把自己累坏了的人，也是为那些小小的"研磨机"——象虫。这些昆虫进入我们的粮仓，用它的尖喙一粒一粒地研磨我们的小麦，直到只剩下麦糠。

我们耕地、除草、浇灌，累弯了腰，晒黑了皮肤。为了我们，大自然让豌豆荚鼓胀起来；豌豆象在田间什么事也不做，为了它们，大自然也让豌豆荚鼓胀起来。春回大地的时候，万物欣欣向荣，豌豆象就趁机从我们的收成中取走它的一份。

让我们跟随豌豆象——这位绿豌豆税的征收官去看一看。我是个友好的纳税人，允许它前来征税。正是为了它的利益，我在园地里种上了几排它喜爱的植物。除了那些豌豆种之外，我没有发出任何邀请，这位征收官就在五月准时地前来造访了。它知道在这块难以种植蔬菜的石头地里第一次种上了豌豆。作为昆虫税务局的一名官员，它加紧步伐赶了过来，要求收税。

它是从哪里赶过来的？这个很难准确地说清楚。它来自某个庇护地，在那里，它度过了冬天的麻木期。对那些无家可归的昆虫来说，盛夏季节自动脱皮的悬铃树是个好去处，它们会在部分剥落的树皮下找到藏身之处。

在这样一个庇护所中，我经常能找到豌豆象。只要冬天没有过去，它就躲在悬铃树的枯树皮下，或者用别的办法将自己保护起来。在天气开始变暖之时，它就从麻木状态中苏醒过来。本能的生物钟将它唤醒。它像园丁一样知道豌豆何时开花，从各处迈着轻快细碎的步伐，或者扇动着灵活的翅膀，一路找到它喜爱的植物。

小头、细口，一身布满褐色斑点的灰色外套，扁平的翅膀，矮壮的身材，尾端有两个粗大的黑斑，这就是我对这个访客的粗略画像。快到五月中旬的时候，入侵的先头部队赶了过来。

豌豆象停在了像白色蝴蝶翅膀那样的花朵上。我看到它们有的躲在花丛底部，有的躲在龙骨瓣的空腔中，但大多数还是在探察花瓣，将花瓣据为己有。产卵的日期还没有到来。上午天气晴朗，阳光温暖宜人。这是它们进行交配的喜庆时刻，也是它们享受灿烂阳光的时刻。到处都是这些乐在其中的昆虫。一对对昆虫相会、分开和重组。到了中午时分，气温骤然上升，那些豌豆象就退到庇荫处，躲在它们十分熟悉的花褶里。明天又将是一个欢庆日，后天还是，直到清晰可辨的豌豆荚从花的龙骨瓣中冒了出来，一天天长大。

有几只处于产卵期的豌豆象比其他豌豆象更加急着要把卵产在初生的豆荚上。豆荚刚刚从花蒂上长出来，扁平而贫弱。那些仓促中产下的卵，或许是从不能再延迟的卵巢被迫排出的。在我看来，它们处在危险当中，因为幼虫将来要在上面安家的种子还没有充分发育，现在还只是脆弱的绿色颗粒，不坚固，还没有淀粉组织。除非等待豌豆长成，否则幼虫在那里找不到充足的食物。

但幼虫一旦孵出，真的能够长时间忍饥挨饿吗？值得怀疑。就我所了解的一些有限信息来说，那些新生幼虫必须尽快接触到食物，否则就会夭折。因此，我认为像这样产在没成熟的豆荚上的虫卵会丧生。然而，这种昆虫的产卵量非常之高，夭折的现象不会影响到整个种族的延续。我们应该直接去观察一下，看看那些雌性昆虫在产卵时是多么地没有节制，它们产下的卵大部分注定会夭折。

到了五月底，在豆荚被长大的豌豆撑得肿胀之时，或者在豌豆即将成熟之时，雌性昆虫的主要工作就完成了。豌豆象作为象虫科的昆虫，我很想看看它是怎么干活的。其他的象虫都带有一个钻子，可以在产卵前钻好洞。而豌豆象只有一个短喙，在食用松软组织时很管用，但作为钻孔工具却毫无用处。

因此，豌豆象安置家庭的方式是完全不同的。不像橡树象、熊背菊花象和黑刺李象之类的象虫，在豌豆象那里看不到什么勤勉的产卵准备工作。因为没有装备长长的产卵器，雌性豌豆象将卵散播在露天，不能防范阳光灼烤和气候变化。没有比这更简单的产卵方式了，但对虫卵来说，也没有比这更危险的状况了——它们经受不住寒热干湿的交替考验。

上午十点，在阳光的照耀下，雌性豌豆象在选定的豆荚上跑来跑去。先是在一面，后又跑到另一面，步伐忽紧忽慢，毫无章法。它反反复复地伸出一根短短的输卵管，在豆荚的表皮上左右晃动，似乎在探查着什么。随之就有虫卵产出，刚一产下就被弃置一旁。

输卵管匆匆地在豆荚表皮上这里碰一下，那里碰一下，这就是产卵的全过程。虫卵留在那里，毫无保护地暴露在阳光之下。雌性豌豆象没有选择产卵的地点，幼虫也就无法快速地穿过障碍，找到食物。有些虫卵产在豆荚的胀起部位，另一些则产在中间的凹陷处。前者靠近豌豆，后者离豌豆有一定的距离。总之，豌豆象的产卵地点比较随机，跟播撒种子差不多。

我们还观察到一种更为严重的不利因素：虫卵的数量跟豆荚中的豌豆数量完全不成比例。要知道，每个幼虫都需要一颗豌豆，这是它必要的食粮。一颗豌豆对它来说绰绰有余，但不够供应几只幼虫，甚至连两只幼虫都无法保证。一颗豌豆供应一只幼虫，不多不少，这是不变的规则。

我们原本期待雌性豌豆象能够在它的产卵过程中将豆荚中的豌豆数量考虑进去，根据豌豆的数量来限制产卵数量。但实际上，我们并没有看到这样的限制。有大量虫卵被产在了一个豆荚上，打破了一颗豌豆供应一只幼虫的法则。

在这一点上，我没有看到任何意外的情况。一个豆荚上所产的虫卵数量超出了豆荚里的豌豆数量，超出量常常达到一个可怕的程度。不管豆荚里面的东西多么干瘪，食用者总是过多。将虫卵的数量除以一个豆荚里的豌豆数量，我发现每颗豌豆要供应五到八只幼虫。有的豌豆上的虫卵数量更是达到了十倍之多。我没有理由怀疑，再数下去，虫卵的数量会变得更离谱。来者众多，但能存活下去的却寥寥无几！所有这些多出来的虫卵该怎么办呢？由于席位不够，有些必然会被从宴席上赶走。

　　豌豆象的虫卵呈明亮的琥珀色，圆柱体形状，表面光滑，两头呈圆形，长度不超过一毫米。每只卵都用凝固蛋白的细微网丝粘附在豆荚上，刮风下雨也破坏不了其黏附性。

　　雌性豌豆象一次产出两只叠起来的虫卵的情况也并不少见。同样不少见的情况是，上面的那只虫卵比下面那只更早孵出幼虫，而下面那只卵则渐渐萎缩并死掉了。虫卵不能孵出幼虫，缺少的是什么呢？很可能是阳光的照射，上面的那只虫卵剥夺了下面那只的光照与热量。但不管是被遮挡了阳光的原因，还是其他原因，先产下的虫卵很少能遵循正常的孵化过程，它们在豆荚上凋零，没有活过就死掉了。

　　这种夭折的现象也有例外。有时候，两只虫卵都孵育得很好，但这样的情况是例外，所以，如果双生现象是规律的话，豌豆象家族成员的数量就会减少一半。通常，虫卵都是一个一个单独产出来的，这对豌豆有害，而对豌豆象有利。

　　弯曲的灰白色带状标记的出现表明有了新的孵化。

在标记那里，豆荚的表皮有所拱起和枯萎，这些迹象从虫卵产在上面的那一刻就开始就出现了，然后又经过新生幼虫的活动而形成了目前的状况。幼虫沿着皮下通道前进，寻找一个可以通到豌豆的位置。一旦它们找到了豌豆，这个不到一毫米长、白身黑头的幼虫就从豆荚壳上钻了进去，一头扎入豆荚宽敞的内部空间。

到达豌豆的位置后，它会爬到离自己最近的一颗上。我一直在用放大镜观察它。在对这个绿色颗粒进行了一番探索之后，它开始在这个球体上挖出一个垂直的井坑。我常常看到它扭动着身体，加紧往前推进。不一会儿工夫，幼虫就消失不见，住进了新家。那个进口十分微小，但通过豌豆浅绿色背景上的那个褐色痕迹，还是很容易辨识出来。它的进口是不固定的，豌豆表面的任何位置几乎都可能成为进口，但有一个例外，那就是由支撑叶茎形成端口的那一面，通常就是豌豆的下半部分。

豌豆的胚芽恰好就在下半部，这个部位不会被幼虫吃掉。尽管豌豆象成虫钻出来时在上面挖了一个大洞，但豌豆还是能被当成种子，正常发育成植物。为什么这个豌豆象不去碰触这个部位呢？它保护胚芽的动机是什么呢？

很显然，豌豆象并不关心种植方面的事情。对它来说，豌豆就是它的，只供它自己所有。不去吃会导致种子死掉的那几口食粮，并不是它有意要减少损害，它的放弃有着其他的动机。

让我们指出一点，豌豆是一粒挨着一粒的。所以，当幼虫想要寻找一个下手点的时候，不能随意绕着豌豆到处爬。我们还需注意，豌豆的下端因为有脐部而增厚。比起其他被外壳保护起来的地方，这些部位没有那么容易被钻孔，甚至这些构造特殊的脐部可能还含有一些幼虫不喜欢的汁液。

毫无疑问，这就是豌豆虽然被豌豆象侵害但依然能够发芽的原因。豌豆虽然被损害了，但没有死掉，因为被侵入的部分是相对不太重要的一半，也是更容易钻进去的一半。而且，对幼虫来说，一整颗豌豆太大了，所以侵蚀都被限定在了幼虫偏爱的部分，而那里并不是豌豆的主要部位。

在其他一些情况中，比如种子很小或很大，我们会看到非常不同的结果。如果种子太小，胚芽就会死掉，因为幼虫食粮不够，就会不断啃噬；如果种子太大，那么充足的食粮供给就会吸引多只幼虫。由于豌豆的匮乏，豌豆象也会侵害野豌豆和粗大的蚕豆，这个现象也为我们提供了几个很好的例证。较小的种子除了外壳都被吞食一空，导致它们无法发芽；较大的蚕豆虽然上面住着不止一个幼虫，却还能够长出新芽。

在豌豆荚上，虫卵的数量总是多于豌豆颗粒，而每一颗豌豆都被一只幼虫独占。那么，我们自然就会询问，那些多出来的虫卵命运如何？当最早熟的虫卵一个个都在豆荚里占据了位置之后，那些多余的幼虫会死在外面吗？它们会葬身于抢先者的牙齿下吗？这些说法都不对，让我们来看一看事实。

在所有此时已经干掉的老豌豆上，都会留下一个大大的圆孔，那是豌豆象成虫从里面钻出来的出口。用放大镜看，我们会发现一些数量不等的红色小斑点，斑点中心被穿过孔。一个豌豆上有五六个，甚至更多的斑点，这些斑点究竟是什么呢？毫无疑问，它们是多只幼虫的钻入点。几只幼虫进入了那个豌豆，但是在这群幼虫中，只有一个能够存活、长大并成年。那么其他的呢？让我们继续往下看。

五月下旬至六月是产卵的时期。让我们来检查一下那些还又绿又嫩的豌豆。几乎所有被侵入的豌豆上都有之前我们在干豌豆上看到的多个孔洞。这是不是意味着在这个豌豆中存在着好几只幼虫呢？是的。剥去豌豆皮，分开子叶，必要时还要扳开来看，我们会在里面发现几只幼虫。它们非常幼小，蜷缩着，胖乎乎的，每一只都占据着一个小小的圆窝。

这个小团体内部似乎一片祥和，没有争吵，也没有邻里之间的妒忌。进餐开始了，食物十分充足，进餐者之间还隔着由没被吃掉的部分构成的墙壁。被隔在一个个单间里，它们不用担心彼此之间会发生冲突，也不会被对方不小心或故意咬到。所有居民都拥有同样的财产权利、同样的胃口和同样的力气。那么这个共享盛宴的局面是如何结束的呢？

我先将豌豆剥开，然后将它们放到一个玻璃试管里，这些豌豆中都住着不止一只豌豆象。我每天都剥开一些，放入试管中。我用这种方式来了解不同阶段的幼虫的发育情况。起初并没有什么值得一看的情况。被隔离在各自狭窄的单间里，每只幼虫都在啃噬着四周的食物，安静而节俭。它还很小，一丁点东西对它来说就是一顿美餐。但一颗豌豆到最后是满足不了所有成员的需要的。饥馑就在眼前，除了其中的一只，剩余的幼虫都会死掉。

实际上，不久后情况就会完全改变。一只占据了豌豆中心位置的幼虫开始比其他幼虫长得更快。当它的个头稍稍超过其他幼虫一点的时候，后者就停止吃东西了，也不再往前挖掘了。它们一动不动地躺着，一副听天由命的样子，这些失去知觉的生命渐渐地在平和中死去。从此以后，整颗豌豆都属于那个独一无二的幸存者。那么，在幸存者周围的那些生命怎么会就这样灭绝了呢？由于没能得到令人满意的答案，在此我只是提出一个猜测。

由于更少受到光合作用的影响，豌豆的中央会不会比其余部分更晚成熟，所以含有更柔软的豆质，更能适应婴儿期幼虫的消化能力？在那里，或许由于得到更细嫩和甜美的机体组织的滋养，幼虫的肠胃就会变得更强健，直到它能食用更不容易消化的食物。婴儿在吃面包之前以牛奶为食。豌豆的中心部分会不会就是豌豆象幼虫的牛奶呢？

所有豌豆的侵入者都具有同样的权利，抱有同样的雄心，它们朝着美食方向钻孔、挖道，一路向前。这个过程是十分辛劳的，那些幼虫必须频繁地在它们的临时单间里稍作休息。休息的时候，它们还在有节制地啃咬包围它们的那些更为成熟的组织，它们啃咬与其说是在填饱肚子，不如说是在打开通道。

最后，其中一个挖掘者到达了中心位置。它在那里安营扎寨，一切已成定局，其他的幼虫只能慢慢死去。它们是怎么知道那个地方已经被占据了呢？是听到了它的弟兄在隔壁啃咬了吗？它们能感知到啃咬时产生的震动吗？像这样的一类事情肯定会发生，因为从那个时刻起，它们就不再往前挖掘了。它们不去和幸运的胜利者较量，也不设法去驱逐它，那些在种族繁衍中落败的幼虫将自己交付给死亡。我钦佩这种耿直的放弃。

另外一个因素——空间，也在这件事中起到了作用。豌豆象是各种豆象中个头最大的。到了成年的阶段，它需要的住处相当宽敞，而其他豆象则不需要这么宽敞。一颗豌豆足以为它提供宽敞的单间，然而，一颗豌豆里容不下两个住户，即便勉强挤挤，空间还是不够。所以，批量灭绝就有其必要性，一颗豌豆中只留下一只幼虫，其他幼虫都被废弃了。

而几乎受到同样青睐的蚕豆则在容量上具有很大的优势，能够容纳下一个豌豆象团体，之前的隐士如今可以生活在修道院里了。在一粒蚕豆中，五六只甚至更多的豌豆象都可以住在自己的单间里，而不会侵入邻居的地盘。

而且，每只幼虫都能找到自己婴儿期的食物，也就是离表面较远的那一层蚕豆。在蚕豆长到一定程度之前，那里仍然保有充足的汁液，然后才会慢慢变硬。这个内层相当于面包芯，而其余部分则相当于面包皮。

在豌豆这个容量小得多的空间里，内层处在中心位置。在此处，幼虫能够成长，反之就会凋亡。但在蚕豆中，内层有两瓣扁平子叶合拢而成的相邻面。不管从哪个点侵入，幼虫只要一直往下钻，很快就会碰到柔软的组织。结果会怎样呢？我数了数附在蚕豆荚上的虫卵数量，以及豆荚里的蚕豆个数，对比这两个数字，我发现每个蚕豆上足够住上五六个住户。这里没有刚从虫卵中孵出就死掉的多余幼虫，它们各自都有充足的供给，都能活下来并且正常成长。食物的丰足跟雌性昆虫的多产达成了平衡。

如果豌豆象总是选用宽大的蚕豆作为安家之所，我能想象一个豆荚上所产的虫卵数量将会是多么庞大。一个丰盛的粮仓会招来一大窝昆虫。但说到豌豆，我就有点困惑不解了。雌性豌豆象为什么要将它的孩子们扔到这个粮食完全不够的地方去挨饿呢？为什么在每颗豌豆只够一只幼虫维生的情况下，上面却有这么多幼虫？

在生命的收支平衡表上，事情不是这样安排的。某种远见似乎支配着卵巢，消耗者的数量跟食物的数量要符合一定的比例才行。金龟子、泥蜂、食尸虫以及其他为家庭供应食物的昆虫们，都是严格限制产卵数量的。因为粪球、死掉的昆虫以及动物尸体，这些为后代准备的食物是它们的劳动所得，数量很少。

相反，肉店里常见的蓝蝇产起卵来是成批成批的。死尸就是取之不尽的食物来源，所以它不用顾虑数量，可以大量地产卵。在其他一些案例中，食物供给是通过大胆的掠夺获得的，而这种掠夺将新生幼虫暴露在成千上万起致命事件的危险当中。在这种情况下，雌性昆虫就利用夸张的产卵量来抵消意外的损耗。芫菁科昆虫就是这样，它要在极度危险的情况下盗取其他昆虫的食物，相应地，它也就被大自然赋予了很高的产卵量。

豌豆象既不需要因储备粮食的艰辛而被迫限制家庭人口，也不需要因劫掠中有丧命的风险而大量产卵。它毫不费力就可以搜寻到食物。只要在阳光下，跑到它喜爱的植物上走上几步，它就可以为后代提供充足的食物供给。它明明可以这样做，却还是愚钝到会在豌豆荚上过量地产卵。新生幼虫得不到足够的食物供给，大部分都会被饿死。这种行为我很难理解，这与它母性的本能太不匹配了。

我倾向于相信，豌豆不是豌豆象最初的食物来源，它们最初的食物来源必定是蚕豆。一颗蚕豆能够支持半打幼虫，甚至更多。有了蚕豆的大子叶，虫卵数量和可供食物之间的明显不相称就不存在了。

而且，蚕豆的起源无疑要早于豌豆。它格外大的个头和可口的味道一定会引起远古人们的注意。蚕豆是现成的适合一口吞的食物，对忍饥挨饿的远古种族来说，它十分宝贵。原始人类会一早就开始在草屋边上种上蚕豆。来自东亚的早期移民，牵着牛，拖着用树干做车轮的货车，经过漫长的旅途，将货物运到了我们这里的蛮荒之地。最早运来的是蚕豆，然后是豌豆，最后才是对抗饥饿的最佳食物——谷物。他们教我们如何照看牧群，如何使用最早的金属工具——铜器。就这样，文明的曙光开始从法国升起。他们会不会在无意中将今天与我们争食的昆虫随着蚕豆一起带了过来呢？这很值得怀疑。豌豆象似乎是土生土长的。至少我发现，它们对各种不对人胃口的本地野生植物也照单全收。它们尤其喜欢聚集在森林里的野豌豆上，这种植物长有一串串艳丽的花朵和漂亮的长豆荚。它的豆子比豌豆要小得多，但无一例外都被豌豆象侵害到只剩下外皮，野豌豆也能够满足幼虫的需要。

我们不要忘了关注一下山黧豆的数量。在一个豆荚上，我发现了二十颗豆子，即便是长势最旺盛的豌豆品种，一个豆荚里也没有这么多的豆子。所以，这种优质的野豌豆通常都能保证食物的供给，不会导致寄生在上面的幼虫因食物不够而大量夭折。

如果野豌豆的数量稀少，不论如何，豌豆象还是会将大量的虫卵产在另一些具有相似口味的植物上，但这些植物无法满足所有幼虫的需求。即便是在供给不足的豆荚上，虫卵的产量还是很高。因为，无论就数量而言，还是就豆子的大小而言，原始植物的食物供给都很丰裕。我们认为，如果豌豆象真的是一个外来者，那么豌豆就是它最早的食物来源；如果它是土生土长的本地生物，那么野豌豆就是它最早的食物来源。

在很久之前的某一天，人们得到了豌豆，将它种植在了之前种植蚕豆的菜园中。人们发现这是一种比蚕豆更好的食物，于是，尽管曾经做出了很多贡献，蚕豆在今天却被人们相对地忽视了。跟人类一样，象虫也有这样的倾向，虽然还没有完全忘记蚕豆和野豌豆，但它把大部分的家族都建立在了这种被各国广泛耕种的豌豆身上。以至于到了今天，我们不得不和这种昆虫分享我们的豌豆：豌豆象取走一部分，剩下的留给我们。

昆虫的兴旺是菜园中农作物的产量丰盛的结果，但从另一个角度看，昆虫的兴旺等同于其群体的衰落。对象虫来说，饮食方面的进步并不总是有益的，对人类来说也一样。如果它保持节俭，它的种族就会受益更多。豌豆象在蚕豆和野豌豆上找到了殖民地，在那里，幼虫早期的死亡率很低。那里有容纳所有幼虫的空间。而在美味的豌豆上，它的大部分子孙都死于饥饿。口粮很少，无法满足全部幼虫的需求。

让我们别再停留在这个问题上，去看看那只存活下来的幼虫吧。如今，它的同伴们都死了，它成了这颗豌豆的唯一住户。它只是运气好，同伴们的死亡跟它无关。在豌豆中心，一个食物丰盛的隐居地，它履行着作为一只幼虫的职责，也是它唯一的职责——吃。它啃咬着包围着它的墙面，扩大它的单间，它肥胖的身躯始终都把这个单间塞得满满的。它晃动着优美的、胖嘟嘟的身体，焕发着健康的神采。如果我打扰它，它就在狭窄的单间里缓缓转身，摆动着它的头。这是它抱怨我的冒犯的方式。我们还是让它安安静静地待着吧。

它占据那个位置的好处很快就显示出来了。到了盛夏时节，它已经做好了从豌豆中脱身的准备。要是等到豌豆完全变硬后，豌豆象成虫就无法利用其不够完善的装备为自己打开一条通道。幼虫了解这种未来会发生的无奈局面，所以它提前运用高超的技艺，钻出了一个可供出逃用的孔道。这个孔道整体呈浑圆，内壁极为光洁，技艺最好的象牙雕刻师都雕不出比这更好的洞眼。

提前准备好出逃通道还不够，它的蛹化过程需要一个安静的环境。如果闯入者通过洞口进来，就会伤害到毫无防御能力的虫蛹。所以必须关上通道。但是，要怎样才能关上呢？

幼虫钻孔时，会将所有的粉末物质都吃掉，不留下任何碎屑。在快到达豌豆皮的时候，它停了下来。这层半透明的薄膜就是它完成蜕变的房间的大门，能够保护它不受外敌的侵入。

这也是将来成虫在出去的时候会遇到的唯一障碍。为了减少这个障碍给成虫带来的困难，幼虫会在豌豆皮的里边沿着圆周线小心翼翼地啃咬一圈，使得打开这层豌豆皮的阻力大大降低。这个长成的昆虫将来只需要拱起身体，用头部顶几下，就能像打开盒盖那样将门沿着圆周线破开。透过半透明的豌豆皮往里看，这个通道的出口就像是一个大大的圆斑，它的内里晦暗不明，就像挡在地面上的玻璃窗口似的，里面发生了什么是看不清的。

这个紧闭的小小舷窗，这个抵御入侵者的堡垒，是多么出色的一个发明啊！当里面的隐士想要走入世界的时候，只需轻轻一推，天窗就打开了。我们应该将它归功于豌豆象吗？是这个灵巧的昆虫自己琢磨出了这个办法吗？是它想出了这个计划并将它付诸实施的吗？对于象虫的头脑而言，这可不是一个小小的胜利。在下结论之前，让我们先来做一个实验。

我剥去一些豌豆的外皮，让豌豆在短时间内就变干，然后将它们放在玻璃试管里。幼虫像在没有剥皮的豌豆中一样正常成长。过了一段时间，它们已经做好了出逃的准备。

如果说幼虫以前是按照它自己的计划行事，在认识到外层已经足够单薄时就停止钻孔，那么，处在现在的实验条件下，它又会怎么做呢？当它感到自己离表层距离不远时停止钻孔，在豌豆上留出一个外层，这样做它就能获得一个必不可少的保护层。

但这样的事情并没有发生。通道全都是挖通的，出口敞开在外，就像豌豆皮还在的时候那样。出口敞开着，施工也很仔细。幼虫没有因为安全因素而改变它通常的工作方式。这个开放的居所不能防范外敌，但幼虫并没有表现出为此担心的迹象。

当豌豆外皮完好的时候，它钻到外皮那里就停下来也不是因为它担心外敌。它突然停下是因为缺少养分的外皮不对它的胃口。我们自己吃豌豆时也会将那层皮去掉，从烹饪的角度看，豌豆皮毫无用处。豌豆象的幼虫跟我们一样，不喜欢豌豆皮。它们在那层角质表皮处停下来，仅仅是因为经过检查，外皮不可食用。在对外皮的反感中，出现了一个小小的奇迹。实际上，这个昆虫没有什么逻辑思考的能力，它只是对事物表面现象的消极顺从者。就像大量原子以优雅的秩序集结在一起形成水晶一样，它遵从的是自己的本能，对自己的行为毫无意识。

到了八月，我们迟早会在每一颗住着幼虫的豌豆上看到一个暗圈，每颗豌豆上只有一个。这些暗圈就是出口的标记。它们大部分会在九月被打开。这个盖子就像用钻孔机割开的那样，整齐完整地掉落到地上。最后，豌豆象以它的终极形态抛头露面，从敞开的孔口里爬出来。

外面气候宜人，夏季的阵雨已经将百花催开，到了可爱的秋季，象虫纷纷拜访鲜花。在天气变冷时，它们会跑到有遮蔽的地方开始过冬。还有一些象虫，数量也不少，它们不着急离开豆子，在舷窗的庇护下安然度过整个冬季。它们十分小心，不去触碰舷窗，在天气转暖之前，它们的单间房门不会被打开，那条阻力最小的圆周线也不会被触碰。到豌豆花开的时候，晚出来的象虫就开始离开各自的庇护所，与那些早出来的象虫会合，一个个摩拳擦掌，准备干活。

对观察者而言，对昆虫本能的各种表现进行一番全面的考察，是身处昆虫学领域的巨大诱惑。因为，要想了解生命演变的种种奇妙方式，没有比从这里入手更能看得清楚了。我知道，不是人人都欣赏这种对待昆虫学的态度。忙于干活的动物以及昆虫的习性，都不受人待见。对可怕的功利主义者而言，一把从象虫嘴下争得的豌豆要远比一本无视眼前利益的观察笔记强多了。

但缺乏信仰的人啊，谁告诉你说，今天没用，明天也不会有用？了解了昆虫或其他动物的习性，我们就能懂得如何更好地保护我们的农作物。不要鄙视看似无益的知识，否则你会后悔莫及。不管它们当下是可用还是不可用，通过知识的积累，人类才会今天比昨天做得更好，明天比今天做得更好。如果我们以豌豆和蚕豆为生，跟象虫争食，我们也是依靠知识而活着的，知识就像是揉面缸，进步的面包在其中糅合和发酵。知识比几颗豌豆可要值钱多了。

在我们学到的许多知识中，有一项知识告诉我们：豆子经销人不必向象虫开战。当豌豆被放到仓库里时，伤害早已造成，已经无可挽回，但这种状况也不会延续下去。不管混杂在一起的时间有多久，未被侵害的豌豆都不用害怕遭受旁边那些豌豆同样的命运。时间一到，象虫会从受到侵害的豌豆中现身，如果能逃走，它们会就飞离仓库；如果不能逃走，它们就会死在仓库里，而绝不会再去侵害完好的豌豆。在仓库的干豌豆身上看不到任何虫卵或新生幼虫，在那里，象虫的成虫不会再干坏事了。

豌豆象不是粮仓的永久居民。它需要野外的空气、阳光和田野里的自由。节俭的它绝对会鄙视蔬菜上坚硬的组织，鲜花上几口蜜汁就能满足它的需要。另一方面，豌豆象的幼虫需要的则是豆荚中还在生长的绿色豌豆上的细嫩组织。这些原因使得这个掠食者不会选择仓库作为生存和繁衍之地。

邪恶的根据地是菜园。在那里，我们应该对豌豆象的为非作歹保持警觉。事实上，在跟这些昆虫做斗争的方面，我们始终拿不出什么好办法。它们数量庞大、体型微小、生性狡猾，很难彻底摧毁，人类的愤怒只会遭受它们的嘲笑。菜农诅咒它们，但这些昆虫却无动于衷，继续泰然自若地进行着它的征税勾当。幸运的是，我们还有比人类更有耐心、视力也更好的助手。

八月的第一个星期，当成熟的豌豆象开始爬出来的时候，我发现了一种小蜂，它就是豌豆的保护者。在饲养豌豆象的笼子里，我亲眼看到大量小蜂从被象虫幼虫侵害的豌豆中跑出来。雌小蜂有浅红色的脑袋、胸膛以及黑色的腹部，腹部上带有螺钻样的产卵器。雄小蜂外形更小一些，全身几乎都是黑色的。不管是雌性还是雄性的小蜂都有浅红色的爪子和丝线般的触角。

为了从豌豆中脱身，豌豆象的消灭者在豌豆的圆形舷窗中心打开一个小口，而那个舷窗正是豌豆象幼虫为将来的出逃而准备的。被消灭者为消灭者铺平了道路，有了这个细节，其余的事情就不难想象了。

当豌豆象幼虫蜕变的准备工作完成时，它外逃的通道已经钻好，外层只留有一个薄膜盖子。这时候，小蜂急匆匆地赶了过来。它用触角探测，仔细探察还挂在藤蔓上的豆荚中的豌豆。它在豌豆表皮发现了薄弱部位。于是，它用产卵器从豌豆荚一边插了进去，在豌豆的圆形舷窗处钻孔。不管幼虫或者虫蛹离豌豆中心有多远，都会被这个产卵管扎到。小蜂在幼虫或蛹上排一颗卵，事情就大功告成了。象虫不可能抵抗，因为这时候它要么是一只沉睡的幼虫，要么是一只无助的蛹。豌豆象就这样被吃得只剩下一层皮。唉！可惜的是，我们没办法帮助这个狂热的消灭者进行繁衍，那样只会让我们陷入一个恶性循环。因为，想要获得大量的小蜂的帮助，首先我们就必须培育出大量的豌豆象。

菜豆象

　　如果说世间有一种蔬菜比其他任何蔬菜更像是来自上帝的礼物，那它就是菜豆。菜豆具备种种优良的品质：它不仅口感柔软、味道极佳、营养丰富，并且有着颇高的产量，价格低廉。它是毫无腥味、不会令人反胃的植物。为了称颂它的好处，普罗旺斯地区的人们将其称之为"填饱穷人肚子的豆子"。

　　神圣的菜豆是穷人的安慰，你把那些劳动者、老实人、优秀的工匠以及那些在生命的疯狂博彩中落得下风的人的肚子都喂得饱饱的。善良的菜豆，只要加上三滴油和一点醋，你就成了我童年时期最喜爱的菜品。即便是现在，在我迟暮之年，我的粥碗依然欢迎你的加入。我们是终生的朋友。

　　今天我的意图不是歌颂你的美德，我只是有点好奇，想问你一个问题：你的老家在哪里？你是不是跟蚕豆和豌豆一同来自中亚地区？在种植先驱从他们的田园里为我们带来的种子中，你是不是其中之一？古人知道你吗?

　　作为不偏不倚、消息灵通的见证者,昆虫做出了应答:"不,在我们这个地区,古人不熟悉菜豆。这种宝贵的蔬菜是经过跟蚕豆一样的路途来到我们这里的。它是外来者,在相对较晚的时期,才被介绍到欧洲。"

　　昆虫的回答似乎十分可靠,值得好好探究一番。事实是这样的:多年来我都在关注农业方面的事情,但从来没有看到任何昆虫侵害菜豆,甚至连豌豆象这个"法定"的豆类掠食者都没有那么做。

　　就这个问题,我请教过我的农民邻居。他们对有关他们的庄稼的事情十分警惕,任何偷盗他们财产的事情都是可恶的罪行,很快就能被发现。而且,那些家庭主妇在将豆子下锅前,都一个个检查过,那些坏蛋如果存在,肯定也逃不过她们的眼睛。

　　跟我聊过的人都对我的问题报以微笑,似乎在表示他们对我的昆虫知识不太信赖。他们说:"先生,你必须知道,菜豆里绝不会有幼虫。菜豆是受到保佑的蔬菜,象虫会敬而远之。豌豆、蚕豆、野豌豆和小豌豆都有它们的害虫,但菜豆是能填饱穷人肚子的豆子,从来没有害虫。要是有谁来跟我们抢豆子,那我们这些穷人岂不是走投无路了吗?"

　　考虑到同一个家族中的其他蔬菜遭受过怎样严重的侵害,而象虫居然不把菜豆放在眼里,这种无视显得十分奇怪。包括贫瘠的扁豆在内的所有豆子都遭到了侵害，而菜豆，无论是大小还是口味都十分诱人，却能保持完好无损，简直不可思议。无论豆子好坏，豆象都会毫不犹豫地将其吞食，但为什么它偏偏无视这种可口的豆子呢？它为了豌豆可以放弃森林野豌豆，为了蚕豆可以放弃豌豆，无论豆子是大是小，都乐此不彼，而偏偏对菜豆的诱惑毫无兴趣，为什么？

原因就在于豆象对菜豆很陌生。对其他豆类，无论是本土的，还是来自东方的，多少世纪以来它都很熟悉。一年又一年，它都亲身体验到它们优良的品质，出于对以往经验的深信不疑，它根据旧有的习惯来规划未来。而菜豆是一个新来者，豆象对它的品质还不甚了解，所以就避之不及。

昆虫的行为很明确地告诉我们：菜豆是一种最近才有的豆子。它从遥远的地方，从一个"新世界"，来到我们这里。每一种可食用的蔬菜都会吸引相应的食客。如果菜豆产自"旧世界"，它就也会有自己的固定食客，就像豌豆、扁豆和蚕豆那样。连比针头大不了多少的最小的豆子，也会有象虫去吃它，这种豆象啃噬起食物来很有耐心，还会在豆子上挖掘居所。然而，鲜美可口、外形胖胖的菜豆却无虫光顾。

只有一个理由可以解释这种令人惊讶的现象：就像马铃薯和玉米一样，菜豆是来自"新世界"的礼物。它来到欧洲，而在旧地侵害它的昆虫没有跟随而来，它进入了另一个昆虫的世界，这些昆虫因为不了解它，都对它不屑一顾。同样地，马铃薯和玉米在法国也安然无恙，除非那些美洲昆虫不小心被一起带了过来。

昆虫的行为告知我们的事情已经被古代经典著作所证实，菜豆从没有在希腊或罗马农民的餐桌上出现过。在维吉尔①的《牧歌集》中，塞斯提丽为收割者准备食物：

"塞斯提丽拍击大蒜、百里香和香气浓郁的植物，为炎热中受累的收割者准备食物。"

这种混合食物相当于普罗旺斯人宠爱的蒜泥蛋黄酱，写在诗里听上去很不错，但实际上它并没有包含丰富的食材。在这样的场合下，人们盼望的是一些可以果腹的菜品，比如一碟撒上大葱丝的红菜豆。这样才完满，至少能填饱肚子。吃完后，这帮收割者进入了午休时间，他们呼吸着野外的空气，倾听着声声蝉鸣，躺在谷物堆的阴影里，慢慢地消化午餐。我们当代的塞斯提丽也不忘用那些填饱穷人肚子的豆子照料好劳动者，跟她的古代姐妹做的事情大同小异。只是古代的塞斯提丽没有想到用豆子款待收割者，因为她根本不知道这种豆子。

---

① 维吉尔（Publius Vergilius Maro），奥古斯都时代的古罗马诗人。其代表作品有《牧歌集》《农事诗》以及史诗《埃涅阿斯纪》。

同样是这个作者，还跟我们讲述了蒂迪尔怎样招待朋友住宿了一夜。他的朋友梅丽贝被士兵赶出了家宅，一瘸一拐地跟在羊群后面走着。蒂迪尔说，我这里有栗子、乳酪和水果可以吃。史书上没告诉我们梅丽贝有没有用餐，这很可惜，因为从这顿简朴的餐食中，我们可能会更清楚地了解到古代牧羊人有没有菜豆这种食物。

奥维德[①]在一段饶有趣味的故事中，讲述了菲雷蒙和波西斯在他们的寒舍中接待了几个被当作是一般客人的诸神。在一张用陶瓷碎片垫稳的三脚桌上，他们端上了甘蓝汤、腌制肉以及在热炉上煮了一分钟的鸡蛋、腌制过的山茱萸、蜂蜜和水果等食物。在这些丰盛的乡村食品中，缺少了一道菜品，一道我们这边的农妇不会忘记的主菜：在肉汤之后，必须要奉上一碟菜豆。奥维德在细节上如此挥洒，怎么会忘记提到一道在这个场合十分应景的菜品呢？答案跟之前一样：因为他不知道。

回顾读过的所有讲到古代乡村菜品的书，我想不起里面有提到过菜豆。有些书里提到，葡萄园工人和庄稼收割者吃的都是羽扇豆、蚕豆、豌豆和扁豆，却从来没有提及这种被称为"蚕豆中的蚕豆"的豆类——菜豆。

菜豆还有另一种声誉。它会引起肠胃胀气，就像民

---

① 奥维德（Publius Ovidius Naso），古罗马最具影响力的诗人之一，代表作为长诗《变形记》。

间俗语讲的那样，你吃了它，就得出去走走。它是粗俗玩笑的好题材，很受平民百姓的欢迎，尤其是当这些玩笑是由一个像阿里斯托芬[①]或普劳图斯[②]这样的人肆无忌惮地讲出来时，情况更是一发不可收拾。对吃了蚕豆会发出声音的粗俗讽喻，会惹起雅典水手和罗马挑夫多么大的一阵哄笑啊！可这两个用语放肆的喜剧大师讲过菜豆的笑话没有？没有。对这种引发吹喇叭似的声响的豆子，他们只字不提。

菜豆这个用词本身发人深省。它发音古怪，跟我们的语言没有亲缘关系，不像是由我们的母语音节构成的，倒让人想起诸如生橡胶和可可这样的西印度群岛或南美洲词语。这个词果真是从美洲印第安人那里传过来的吗？我们在接纳这个豆子的时候，是否连带它原本的名称也一同接受了下来呢？可能是这样，但无从考证。菜豆，奇异的菜豆，你给我们提出了一个奇怪的语言学问题。

在法语里，它以 faséole 或 flageolet 为人所知，普罗斯旺人称它为 faioù 和 favioù，加泰罗尼亚语是 fayol，西班牙语是 faseolo，葡萄牙语是 feyâo，意大利语是 fagiuolo。说到这里，我感觉似曾相识。虽然这个

① 阿里斯托芬（Aristophanes），古希腊诗人、喜剧作家。
② 普劳图斯（Plautus），古罗马第一个有完整作品传世的喜剧作家，主要作品有《一罐金子》。

名词不可避免地有各种变形，但拉丁语家族的各个语言都保存了 *faseolus* 这个古词。

查阅词典，我发现 *faselus*、*faseolus*、*phaseolus* 这三个词都是菜豆（haricot）的意思。博学的词典编纂者，请允许我指出，你们的翻译是不正确的：*faselus*、*faseolus* 不能表示菜豆。在《农事诗》里有无可争辩的证据。在书中，维吉尔告诉我们在哪个季节必须播种 *faselus*，他说：

"如果你真的想种植 *faselus*，在牧羊星座向你传递黑夜的征兆时，你就开始耕种，一直耕种到冬天的中期。"

没有比这位诗人的告诫更加清楚明白的了，他熟悉所有的农事，知道必须在太阳落山、牧夫座消失的时候，也就是在十月份，开始播种 *faselus*，一直到冬天的中期。

这里所谈的情况跟菜豆毫无关联：菜豆是一种脆弱的植物，稍有霜冻就无法存活。即使在意大利的气候条件下，冬天对它都是致命的。由于原产地的原因而更加耐寒的豌豆、蚕豆、野豌豆和其他豆类植物，它们都不怕寒冻，可以在秋天播种，到了天气稍稍转暖的时候，它们就会长得枝繁叶茂。

在各种拉丁语种中，把 *faselus* 这个名称硬加到菜豆身上，那么《农事诗》里讲到的 *faselus* 究竟是什么呢？记得诗人曾经用轻蔑性的"卑俗"来形容它，我强烈地倾向于认定它就是培植起来的野豌豆，一种又大又方的豌豆，也就是普罗旺斯地区的农民不屑一顾的煤玉豆。

菜豆的问题就是这样，仅就昆虫的证词就几乎可以将问题澄清了，这时候一个出人意料的情况终于让这个谜团真相大白。这次又是一个诗人，一个著名诗人：埃雷迪亚 [①]，是他无意中帮了我这个博物学家一把。我的一个朋友是乡村教师，他借给我一本杂志，但他没有意识到自己做了件好事。我在里面读到了以下这位十四行诗大师和一个女记者之间的对话，她很想知道诗人最喜欢自己的哪个作品。

"你让我怎么说呢？"诗人回答道。

"我不知道说什么，我不知道我喜爱哪一首十四行诗，我在写这些诗的时候都耗尽心力……不过，你喜爱哪一首呢？"

"我亲爱的大师，这么多珠玉，每一首都是那么优美，我怎么挑选得出来呢？你把珍珠、绿宝石和红宝石都放在我面前，我只有惊叹的份儿，又怎会说得出绿宝石和珍珠我更喜欢哪个呢？它们都让我惊美不已。"

[①] 埃雷迪亚（José-Maria de Heredia），法国诗人，以其杰出的十四行诗而知名。

"那好，对我来说，比起我所有的十四行诗，还有一件让我更加自豪的事情，它为我带来的声誉比我的诗歌要大得多。

我睁大眼睛，问道："那是什么呢？"大师顽皮地看着我，接着，他眼睛里的神采照亮了他年轻的面容，得意地说道：

"我找到了菜豆这个词的词源！"

我一脸惊讶。

"跟你说这件事情，我可是十分认真的。"

"我亲爱的大师，我知道你学识渊博，但设想一下，那样的话，你会因为发现了菜豆的词源而声名远播……我从来没有这样想过！能告诉我，你是怎样发现的吗？"

"乐意效劳。我在研读十七世纪的自然史大作、埃尔南德斯所著的《新世界植物史》时，发现了有关菜豆的一些资讯。在十七世纪之前，菜豆这个词在法国还不为人所知，人们讲的是 *feve* 或 *phaséol* 这样的词，在墨西哥，它被叫作 *ayacot*。在墨西哥被征服之前，那里种植有三十种菜豆品种。这些菜豆，尤其是那些带有黑斑和紫斑的红菜豆，至今还叫这个名字。一天，我在加斯东·帕里斯[①]的家里遇到了一个著名的学者。听到我的

---

① 加斯东·帕里斯（Gaston Paris），法国文学家、作家、法兰西学院院士。

名字后，他走到我身边，问我是不是就是那个发现菜豆词源的人。他完全不知道我写诗歌，还出版过长诗《战利品》。"

这真是奇妙的想法！将他著名的十四行诗的重要性放在第二位，而将蔬菜的命名史放在第一位。现在，轮到我为他的阿雅科特感到欣喜了。我曾经猜测这个外来词来自美洲印第安语，这是多么正确啊！昆虫用它自己的方式证实这种宝贵的豆子是来自"新世界"。阿兹特克人 ① 的阿雅科特，在保留它们的原始名称（或者十分相近的名称）的同时，从墨西哥移植到欧洲的田园里。

但是，它的固定食客并没有随它一块过来，而在它的故乡，肯定有一种象虫专门在它身上收取什一税。我们本地的食客对这个陌生的豆子有所误会，它们一直没有时间去弄明白它，或者去欣赏它。它们始终非常谨慎地不去碰触这个阿雅科特，这个新来者让它们感到怀疑。直到今天，这种菜豆还是没有受到任何侵害，不像我们的其他豆子那样，受到象虫疯狂地剥削。

这种状况不会持续太久。虽然我们的田园中没有侵害菜豆的害虫，但"新世界"的昆虫却对它了如指掌。一些装有虫子的包裹迟早会通过商路被带到欧洲。像这

---

① 阿兹特克人（Aztec），北美洲南部墨西哥人数最多的一支印第安人。其中心在特诺奇蒂特兰（今墨西哥城）。

样的入侵是难以避免的。

根据我所掌握的资料，这种情况已经发生了。三四年前，我从罗讷河口的迈朗市收集到了在我家附近到处都找不到的东西。我曾经向一对农民夫妇打听这个东西，但他们都对我的问题感到十分惊讶。没有人看到过菜豆的害虫，也没有人听说过它。了解我需求的朋友从迈朗把东西寄给了我，就像我说过的那样，它所包含的信息极大地满足了我作为一个博物学家的好奇心。寄来的东西中还有一包菜豆，全都被彻底地蛀掉了，每个豆子都千疮百孔，变成了海绵状。豆子里面有数不清的象虫在蠕动，它们微小的身形让我想起扁豆象。

送东西来的人和我讲了迈朗市所遭受的损失。他说，这种可恶的小动物已经破坏了大部分的农作物。一场前所未有的虫害，降临到了菜豆头上，完好无损的菜豆已经所剩无几。对于这动物的习性，他们一无所知，有待我通过实验来加深对它的了解。

那我们就赶快做实验吧！那时是六月中旬，是一个合适的时机，我的菜园中正好种有一些菜豆。那是一种比利时黑菜豆，我是当作蔬菜来种植的。既然我必须将这些可口的蔬菜牺牲掉，那就让我们把那些可怕的破坏分子放到这片绿菜地里去吧。根据之前豌豆象教给我的知识，我判断这些菜豆已经长到了受侵害的阶段，花繁叶茂，豆荚的长势也很好，全都绿油油的。

　　我将两三把迈朗菜豆放到一个盘子里，在阳光的照射下，这一堆包含了虫子的豆子就被搁在我那一床菜豆边上。我能想象到会发生什么事情。已经爬出豆子的虫子，以及受阳光刺激即将爬出豆子的虫子，都会振翅而飞，找到附近的菜豆，在藤蔓上找到落脚之处。它们将盘剥豆荚和花朵，不久它们就会开始产卵。豌豆象在相似的条件下就会这么做。

　　但让我感到惊讶和困惑的是，事情没有像我预料的那样发生。几分钟内，这些昆虫的鞘翅开开合合，用来缓冲飞行惯性，它们在阳光下飞来飞去，接着，一只一只地都飞走了，飞向晴空，很快就飞出了视线。我集中注意力，继续观察，但一无所获，没有一只象虫在我的菜豆上安顿下来。

　　在尝到了自由的欢快滋味后，今晚、明天或者再晚一点，它们会飞回来吗？不，它们不会回来了。整整一个星期，我一朵花、一朵花，一个豆荚、一个豆荚地检查，却没有看到一只菜豆象，也没看到一颗虫卵。这是一个适合产卵的时节，就在同样的时段里，那些被我囚禁在广口瓶中的雌性菜豆象却已经在干菜豆上产了大量的虫卵。

　　到下一个季节再试试吧。我还有一些已经播种好的红色菜豆，一部分供家用，但主要还是做实验用。我将它们分排种植，这样方便在其中穿行。这两块菜地马上将迎来收获的季节，一块在八月，一块在九月或者更晚一些。

我用红菜豆重新做已经用黑菜豆做过的实验。在合适的天气状况下，我多次释放了关在广口玻璃瓶中的象虫。每一次的结果都不尽人意。整个秋季，直到所有收成都耗尽了，我几乎每天都在重复做研究，但从来没找到一个被侵害的豆荚，甚至在叶子或花朵上都没有一只象虫驻留。

当然，我的研究工作本身没有什么问题。我通知家人不要乱动我为自己保留的那几排豆子，还要求大家注意检查采摘下来的所有豆荚，看看有没有虫卵。在把菜豆交给家人剥壳之前，我自己用放大镜检查了自家和邻居的菜地里的所有菜豆。所有的辛苦都白费了，一颗虫卵都没看到。

除了这些在露天的实验，我增加了在玻璃器皿里的实验。在一些高而窄的瓶子里，我放入了一些挂在叶茎上的新鲜豆荚，有些是绿的，有些绿里夹杂着绯红，里面都是快要成熟的豆粒。最后，我在每个瓶子里都放入一群菜豆象。这一次我得到了一些虫卵，但没有更多进展，它们将卵产在瓶壁上，而不是豆荚上。不管怎样，它们还是孵化了。几天时间里，我看到幼虫到处游动，以同样的热情探察豆荚和玻璃。最后却一只只全都死掉了，放在里面的食物一点也没碰。

　　从这些事实得出的结论显而易见：幼嫩的菜豆不是它们合适的食物。不像豌豆象，菜豆象拒绝把它的家庭托付给那些不是因成熟和风干而变硬的豆子，它拒绝在菜豆园里安顿下来，因为那里没有它需要的食物。那它需要什么样的食物呢？显然是成熟的硬菜豆，那种掉在地上会发出声响的菜豆。我赶紧设法满足它的这些要求。我将一些熟透的、完全被太阳晒干了的豆荚放入瓶中。这一次，菜豆象的家族兴旺了起来，幼虫在豆荚的干壳上钻孔，直达豆粒，然后钻入其中，自此以后一切就顺理成章了。

　　根据种种迹象判断，菜豆象随后会侵入粮仓。那些菜豆被留在菜地里，直到枝叶和豆荚都被太阳晒得完全干透，拍打豆荚将豆粒分离出来因此也就变得十分容易。正是在这个时候，豆象找到了合适的场所，开始产卵。农民将晒干的菜豆收回家，害虫随之也就被带回了家。

　　但菜豆象更喜欢侵害粮仓里的菜豆。就像喜欢咀嚼小麦而无视麦穗的象鼻虫一样，菜豆象憎恶幼嫩的菜豆，而偏爱在安静而黑暗的仓库里安家立业。相较于农民，它更是粮商可怕的敌人。

　　一旦这帮破坏分子驻扎到豆类储藏库，它所造成的破坏将会一发不可收拾！我的实验瓶里就有充足的证据来证明这一点。仅一颗菜豆豆粒上就住着一个大家庭，家庭成员往往多达二十来个。而且，一年中盘剥豆子的不止一代，而是有三代或四代昆虫。只要豆皮下还有可食用的东西，新来的食客就会一直驻扎在里面，最后菜豆只剩下里面塞满排泄物的外皮。幼虫不屑一顾的表皮只是一个布满孔眼的空袋子，有多少遗弃它的幼虫，就会有多少被刺穿的孔眼。菜豆遭受的破坏是彻底的。

独居隐士豌豆象只消耗掉挖出来的那一部分豆子，豌豆其余的部分都没被碰过，以至于豌豆还能发芽。或者，如果我们不嫌弃它的话，甚至还能食用。而这种美洲昆虫却根本不知道节制，它把菜豆洗劫一空，只留下一皮囊污秽之物。美洲在给我们送来害虫的时候可谓体贴周到。根瘤蚜就是来自美洲，对于这种灾难性的昆虫，我们的葡萄园主只好不停地与之作战。今天美洲又给我们送来了菜豆象，极有可能在将来演变成一场菜豆瘟疫。我做了几个实验，来观察这样的侵入会对菜豆造成多大的威胁。

三年来在我的实验桌上一直放着几十个广口瓶和小瓶子，外面盖着保持空气流通并防止逃跑的纱罩。这是我的"动物园"。我在里面饲养了一些菜豆象，并根据我的想法，对它们的饮食种类做了种种区分。除了其他事情，我还了解到，这种昆虫绝非只衷情于一种豆子，它会寄生在大多数豆类食品中。

各种菜豆，黑的和白的，红的和杂色的，大的和小的，都合它口味。不仅是新豆，连那些存放了许多年煮不熟的老豆，它都照单全收。因为不用怎么费力，那些脱壳的豆子最容易受到侵害，但在没有这样的豆子时，那些在豆荚的天然保护下的豆子也会受到同样激烈的攻击。那些豆荚不管怎样像老羊皮一样干枯，幼虫要攻入豆粒都毫无困难。田野里或菜园里的豆子就是这样被攻击来的。在普罗旺斯，有一种以独眼菜豆的名称命名而为人所知的豆子。它的豆荚长长的，豆荚中央有一个黑色斑点，看上去就像是一只闭上的眼睛，这种豆子也受到菜豆象的欢迎。事实上，我甚至怀疑我的小客人对这特别的豆子具有特殊的偏爱。

到此为止，一切正常，菜豆象还没有逾越菜豆属豆子的界限。但它具有的一种特性让危险大大地增加，同时，也把这个豆类爱好者曝光在出乎意料的灯光之下。没有丝毫犹豫，它就能接受干豌豆、蚕豆、野豌豆、黛黑豆和鹰嘴豆，它从一种豆子跑到另一种豆子那里，始终摆出一副心满意足的模样。就像在菜豆里一样，它的子孙后代在所有这些豆子里都能繁衍。只有扁豆遭到了拒绝，可能是因为它自身的体积不够。美洲菜豆象真是一个强大的实验主义者。

我最初担心这种昆虫会从豆类转向谷物，那样的话，它的危害性会更大。但它并没有这样做，被囚禁在瓶子里，加上一把小麦、大麦、稻谷或玉米，菜豆象无一例外地都死掉了，也没有留下后代。用诸如蓖麻或向日葵这样的含油种子，结果也一样。豆类之外的任何东西都不受菜豆象待见。尽管菜豆份额有限，但数量也相当可观了，结果全被菜豆象利用和挥霍了。

菜豆象的虫卵是白色的，外形细长，呈圆柱形。虫卵的分布毫无章法，产卵场所也不加选择。雌性昆虫会将卵产在瓶子的玻璃壁上，也产在菜豆上。有时候甚至漫不经心地产在玉米、咖啡、蓖麻籽和其他种子上，因为找不到合口味的东西吃，在这些种子上孵出的新生幼虫很快就会死掉。这时候，雌性昆虫的先见之明又有什么用呢？不论被排在一堆种子的哪个地方，就算虫卵被排放到位了，搜寻和找到侵入点的事情还是需要幼虫自己来做。

虫卵最多在五天之内孵化。一条有红褐色脑袋的白色小虫钻了出来，只有一个斑点那么大，裸眼刚刚可以看得到。它的身体往前拱起，以便给它的工具——它的大颚加力，它必须要在像木头一样硬的干豆上钻孔。吉丁和天牛的幼虫在树干上钻孔，采用的也是这样的姿势。幼虫从虫卵中一孵出来就开始到处乱逛，这么小就能够如此行动真有点出人意料。它在这里爬爬，那里转转，渴望着尽快找到食物和居所。

一般在二十四个小时内，它就能找到食物和居所了。我看见小虫子在豆子的表皮上钻孔。我在观察它卖力地干活时，惊讶地发现，它的身体已经有一半沉到了洞穴中，入口处是一层白色粉末——那是它挖出来的粉屑。它继续往里挖，将自己埋在了豆粒的中心。大约过了五个星期，它就会以成虫的面貌再次出现，它的演化就是如此迅速。

以如此迅猛的速度成长，在一年内就会有几代菜豆象繁衍出来。我记录到的是四代。换个角度看，仅仅一对菜豆象就能繁衍出有八十个成员的家庭。那么，假设这些昆虫的性别比例均衡，仅就目前这个数字的一半而言，到年底，由最初这对菜豆象所产的后代就将繁衍出四十的四次方的后代，这就意味着幼虫的数量将达到超过五百万的惊人数字。这样的一个大军团将糟蹋多少菜豆啊！

菜豆象幼虫的劳作让我们想起从豌豆象那里了解到的方方面面：每只幼虫都在豆子里挖出一个居所，不去损害表皮，并准备好一个舷窗，在变成成虫后可以轻松将它推开，从里面爬出来。到了幼虫阶段的末期，豆子表面出现许多暗圈，表明下面就是它们的居所。最后，舷窗封盖掉落，虫子就离开它的单间，里面有多少只幼虫，菜豆上就会留下多少个洞眼。

成虫极为节俭，一点粉屑就能满足它们的需求。所以，只要还有豆子没被碰过，它们似乎并不急着放弃那一堆或一箱好东西。它们在豆子堆的缝隙中交尾，雌性昆虫随意地播撒虫卵，小幼虫在还没被碰过的豆子里安身，有些也会爬入已经被钻孔但还没有被吃光的豆子里。在整个夏季，这样的繁殖活动每五周便会重复一次。到了九月或十月，这一年的最后一代昆虫会在它们的单间里一直沉睡到天气回暖。

菜豆虫对我们的收成造成严重的威胁，发动一场攻势将它们全都毁灭也不是一件很难的事情。我们可以根据它的习性来采取相应的策略。它侵害的是放在粮仓或储藏室的已经变干了的豆子。我们很难在野外消灭它们，这样做也起不到什么作用。它的很大一部分活动是在我们的储藏室里进行的。敌人就在我们的屋檐下安家，我们很容易得手，使用杀虫剂来做防御应该是相对容易的办法。

灰螳虫

　　我刚目睹了一个动人的场景——一只螳虫最后的蜕皮过程。成虫从幼虫外包裹中脱身而出，真是壮丽的一幕。我讲的是灰螳虫——螳虫族类中的巨人。在九月这个葡萄收获的季节，我们常常能在藤条间看到它。就尺寸而言，它可以长到一指长，所以它比其他任何螳虫都易于观察。

　　灰螳虫的幼虫肥胖难看，像是那完美成虫的一个粗鄙的勾勒。幼虫一般呈嫩绿色，但有时候也呈青绿、淡黄或红棕色，甚至接近成虫的颜色，整体呈灰白。它们的前胸明显有倾覆和凹陷，上面撒有白色小圆点；后腿和成虫的一样粗壮有力，上面饰有红色条纹，长长的小腿上长有双面锯齿。幼虫的鞘翅几天内就会长得超过腹尖，但目前还是两片不起眼的三角翼端，上端并列贴在流线型前胸上，下端的边缘往上翘起，呈尖形披檐状。鞘翅仅仅盖住这动物裸体背部的一小块，让人想起为了节约布料而被剪得很短的外套垂边。鞘翅下面有两个窄窄的附片，那是翅膀的胚芽，比鞘翅还小。明日的壮美风帆今天还仅仅是一块破布，外形是如此地捉襟见肘、丑陋不堪。这对残败的覆层最后会长出什么呢？一对优美而宽阔的翅膀。

让我们详细地观察一下这个过程的前前后后。在即将蜕皮时，这昆虫就用中部以及后部的腿爬到网罩盖子那里。它的前腿没有被用来拉住背朝下悬着的身体，反而折起交叠在胸前。那个三角形翼端，也就是鞘翅的鞘，沿着两翼连接处打开，沿侧向分开。两个含有翅膀的窄片从中间探了出来，并微微叉开。现在，它的身体确保了稳定，蜕皮的架势已经摆好。

第一件要做的事情就是挣脱旧皮。在翼端的后部，前胸凸起的下面，通过一张一缩而形成一阵阵的悸动。可以看到颈部前端也发生了同样的张缩，很可能在整个即将裂开的外壳表面都有这样的现象发生。由于关节处隔膜很薄，这样的现象在那些没有护甲的地方可以看到，但在中央部位则由于被前胸护甲遮挡而看不到。

蝗虫中央部位的血液在上涌和回退。血液上涌时，就像液压打桩机一样，一下一下撞击着。血液的这种撞击，机体集中力量形成的喷射，使得外皮终于沿着一条阻力最小的线路裂开，这条线要归功于生命的精妙预设。裂缝在整个前胸流线体上张开，就像从两个对称部分的焊接处裂开那样。外套的其他部分都无法打开，只有在这个比其他部位薄弱的中间地带才能破开。裂纹又往回延伸，一直延伸到翅膀的连接处，接着往头部延伸，直至触须底部，此时在左右各形成一个短短的开叉。

通过这个缺口，这只昆虫的背部露了出来，柔软而苍白，带着一丝灰色。它慢慢往上弯曲，越来越拱起，最后完全从外壳中挣脱。

接着，它的头部也从面罩中抽了出来，那面罩仍在原处，一点损坏也没有，但因为带着一对看不见东西的玻璃般的大眼睛，看上去非常古怪。触须的套子没有一丝褶皱，也没有一点变形，待在原位，挂在那张没有生气的半透明的脸上。

窄窄的外鞘把触须包裹得这么紧实，触须从中脱出却显然没有遇到任何阻力，否则外鞘会被翻转或撕裂，或者至少会形成褶皱。触须跟其外鞘的大小相等，有同样多的结节，但却毫发无损地从外鞘中轻易脱出，就好像一个光滑的物体从一个宽松的外鞘中溜出来一样。这种脱身术运用在后腿上更是令人瞠目结舌。

不过，现在先轮到前腿和中腿。它们毫无阻碍地从脚套和绑腿中抽离了出来，没有任何撕扯和牵连，外皮甚至都没有起皱，整个结构都保持着原来的样子。此时，这只昆虫仅有后腿上的一双爪子还抓在网罩圆盖上，把自己悬在半空中。它几乎以头朝下的垂直体位悬着，我碰一下盖子，它就会像钟摆一样左右晃动。四个小小的钩爪是它唯一的支撑，如果它们不用力或者松开，这只昆虫就会完蛋，因为此时它还不能展开它的大翅膀。即便它能够展开，也来不及飞起，还是会摔落下去。但它的四个爪子抓得紧紧的。在它们从外鞘中抽出之前，生命赋予它们紧抓不放的本能，让随后的蜕皮过程有了稳定的支撑。

现在鞘翅和翅膀出来了。这是四个窄窄的片条，就像是搓出来的纸绳那样，上面隐隐有一些折纹和沟痕，长度不到最终长度的四分之一。

它们非常柔软，在自身重量的作用下，耷拉在这动物的两侧，跟正常所处的位置刚好颠倒。它们的末端通常指向身后，现在指向了倒悬着的蝗虫的头部。这些未来的飞行器官此时就像是遭受了暴雨摧残的四片凋零的叶子。

必须经历一次深刻的蜕变，蝗虫的翅膀才能获得最后的完美状态。内部变化已经在发生，黏液在固化中，蛋白分泌物正在将混乱转化为秩序，但是目前还没有什么外在的迹象显示在这个机体的神秘实验室中究竟在发生什么。一切似乎都处在毫无生气的停滞状态。

与此同时，它的后腿摆脱了束缚，粗壮的大腿露了出来，内侧有浅红的条纹，但很快就变成了鲜艳的深红色。大腿出来很容易，粗壮的部分已经为窄小的部分打开了通道。

小腿则不然。在成虫身上，整个小腿上都武装有两排坚硬的棘刺，在末端还有四个强有力的弯钩。那两排锯齿可是名副其实的锯子，再加上它如此地强壮有力，要不是尺寸偏小的话，简直可以跟采石工人的大锯媲美。

蝗虫的幼虫具有相同的小腿结构，所以包住它的套子跟小腿的外形一样。每个棘刺都被包在同样的刺壳中，每个锯齿都探入同样的锯齿壳中，这个外鞘是如此紧密地浇注在小腿上，就算用刷子刷上一层清漆来替代外鞘，都没有这么贴合。

然而长而窄的胫节从鞘中脱出来的时候，并没有勾住或粘住任何地方。要不是多次看到这个过程，我是不会相信有这种可能的。被弃的外鞘从头到尾都完好无损，末端棘刺和双排锯齿都没有对这个脆薄的外鞘造成一丝损害。尽管吹一口气就足以将外鞘吹裂，但那个长锯齿的锯子却能让外鞘保持完好。尖利的棘刺从中滑出，却连一个抓痕都没有留下。

这样的结果大大超出了我的预料。看到灰蝗虫腿上的棘刺武器时，我想象它的后腿会一片片或一块块地脱出，或者，外鞘像死皮一样被擦掉。实际情况完全出人意料！

蝗虫小腿上的棘刺和锯齿是它最强大的武器，能够切断嫩木片，当它们从薄如镶金的鞘中脱出的时候，却没有留下丝毫使用蛮力的迹象，也没有碰到任何阻碍，脱下的空鞘依然保持原貌，爪子抓着网罩的圆盖，没有撕裂，没有褶皱。即便用放大镜也看不到一丝生拽硬拉的痕迹。蝗虫蜕皮前外鞘是怎样的，现在还是怎样。腿部外鞘的形态在最小的细节上都跟真蝗虫一模一样。

如果有人叫你将一把锯子从一个紧裹在锯齿上的套子里拔出来，并在整个过程中丝毫不能撕扯或刮擦，你一定会大笑，这显然不可能做到。但生命对这样的荒谬却不以为意，在需要的时候，它自有办法实现。蝗虫的爪子就是这样一个例子。

从鞘中脱出时，锯齿状的胫节就已经很硬实了，外鞘又如此紧密地贴着它，要摆脱出来非常困难，除非将外鞘撕成碎片。但它又必须绕过这样的困难，因为作为必不可少的支撑，在它完全蜕皮之前，腿的外鞘需要完好无损地留在那里。

处在蜕皮过程中的腿和蝗虫跳跃时的腿不是一回事，它们还没有获得它们在不久之后就能获得的刚性。它们是柔软的，极具韧性。在蜕皮过程中可以看得到大腿部分，当我将作为支撑物的盖子倾斜时，它的腿因受自身重力的影响而出现了弯曲的现象。它们就像两条弹性橡胶一样易于弯曲。但此时它们已经开始坚固起来，几分钟之内就具备了一定的刚性。

再往下延伸，那些还被外鞘遮住的部分无疑还要更加柔软，处在一种极具弹性的状态中，几乎可以说是处在流体状态中，这就使得它们可以像液体一样通过那些逼仄的通道。

锯齿已经在那里，但还不具有刚性。我用小刀的刀尖部分挑开腿部的外鞘，把一个棘刺从锯齿模子中取出。它们是棘刺的胚芽，这些肉芽稍有受力便会弯曲，一松开又恢复原样。

这些针尖在出鞘时往后压，但出鞘后就竖起并固化。我所目睹的不是单单把绑腿去掉露出已经成形的胫节，而是一种让人惊叹不已的生命演变。

淡水螯虾的钳子在蜕皮时，将柔软的螯钳从硬如石头的外鞘中抽出来，采取的方式跟蝗虫很接近，但就细微性和精准性而言，两者相差很大。

最后，蝗虫那像高跷一样的小腿终于获得了自由。它们轻柔地折叠在大腿的骨沟里，在那里静静地变化、成熟。它的腹部开始蜕皮，那束腰般的精细外壳裂开并起皱了，但腹尖还被包裹着，它粘在外壳上的时间更久一点。除了这一处之外，昆虫全身现在都露了出来。

它就像一个钟摆那样倒悬着，靠小腿空壳上的爪子钩住整个身体。在这个漫长而细致的过程中，它的四个爪子始终没有松开。整个蜕皮过程的展开都极为精细和谨慎。

　　这只昆虫一动不动地悬着，腹尖卡在外壳中。腹部不成比例地鼓胀着，显然是储存的液汁在起作用，这些液汁不久后便可用于翅膀和鞘翅的扩张。在这期间，蝗虫处在休息的状态中，它正在从疲劳中恢复体力。二十分钟的等待时间悄悄地过去了。

　　随着后背肌肉的用力，悬着的蝗虫跃起身，用前腿的爪子抓住头顶上方的空壳。从来没有哪个脚趾勾在高空秋千杆上的杂技高手，能以如此惊人的腰部力量一跃而起。这个难度颇高的体操动作完成之后，其余的事就好办了。

　　抓住空壳之后，这只昆虫再探起身，够到了网纱，这网纱相当于在野外蜕变时蝗虫所选的灌木细枝。它用前面四条腿抓住网纱，紧接着，腹尖终于脱开了外壳。突然，受到最后一下挣脱的振动，空壳掉在了地上。

　　这个掉落很有意思，让我想起蝉的外壳如何顽强地迎着寒风坚守在树枝上。蝗虫的蜕变方式跟蝉差不多，但蝗虫怎么会把自己托付给这么容易掉落的一个抓握点呢？

　　虽然我们会觉得最牢固的抓握也经不住挣脱时的晃动，但只要蝗虫蜕壳的动作还在继续，抓着外鞘的爪子就会始终牢牢抓紧不放，而一旦蜕皮完成，只要轻轻一震，外鞘就掉了下来。这里显然存在着一种高度不稳定的平衡，也再次说明：凭着多么微妙的精准性，这昆虫才得以从外鞘中逃脱。

为了更好地描述蝗虫蜕壳的过程，我用了"逃脱"这个词。但这个词并不是很恰当，因为它暗示存在着某种程度的蛮力，而由于之前提到的平衡的不稳定性，逃脱中不能使用蛮力。如果突然用力，这只昆虫就会在晃动中掉下来，那就功亏一篑了。它会掉到地上萎缩而死，或者，最好的情况是它的翅膀无法展开，奄奄一息。蝗虫并不是从外鞘中撕扯出来的，它是巧妙地从中滑脱的——我差点想说"流出"这个词，就好像有一个轻柔的压力将它推出来。

让我们回头说说翅膀和鞘翅，它们从外鞘中脱出之后，没有发生什么明显的变化。它们还只是残肢，上面带有纵向的细条纹，模样近似小绳头。它们要到最后关头，当这只昆虫完成蜕皮并恢复正常体位时，才会展开，展开的过程历时三个多小时。

我们在之前观察到，这只昆虫翻过身来头朝上。这个翻转导致翅膀和鞘翅也随之落到了它们正常的位置上。由于它们非常柔软，受自身重量的影响，原先在昆虫倒悬的时候掉落反转，外端指向了头部。

此时，仍然受自身重量的影响，它们的位置恢复了，指向了正常的方向。它们不再像弯折的花瓣，也不再颠倒，但还是处在同样破落的状态中。

在完全长成的状态下，灰蝗虫的翅膀呈扇形。一束发散的粗壮翅脉纵贯其上，形成随时可以打开和折起的伞架。翅脉之间还横贯着无数条细小的翅脉，整个翅膀形成了一个矩形网眼的网络。鞘翅则要更重一点，也更小一些，但结构相同。

目前，这样的网眼结构还毫无踪影。除了一些褶皱，几个弯弯的沟纹，其他什么也看不到，这表明，那些组织机体被巧妙地折合了起来，尽可能缩减到最小，被包藏在这个残肢里。

翅膀的扩展始于肩部。最初什么也看不出来，没过多久，我们看到模糊不清的表面细分出精确而标致的网眼。

这些纹路一点点扩大，缓慢到放大镜都看不出来，翅膀末端不成形的一团东西逐渐消失。在扩展中的纹路区和不成形的部分的交界处，我盯着看都没用，什么也看不出来。但等了一会，那个网眼组织就清清楚楚地显现了出来。

根据这个初步的观察，我们会产生这样的设想：一种具有建构性的液体迅速凝结成了叶脉的网状结构。我们观察到的似乎是一种结晶的过程，其迅速性可以与我们在显微镜下看到的盐溶液结晶相比。但事实上并非如此。生命的运作不会这样仓促。

我把一个半成品翅膀摘了下来，将它放在显微镜下查看。这一次我得到了满意的结果：在看似正在逐渐结网的交接延伸处，我看到网眼实际上早就存在。我可以清楚地看到已经变硬了的竖向翅脉，还可以看到还处在苍白的隐含状态中的横向翅脉。我在翅膀的末端机体上找到了这些翅脉，并把其中一些摊开，放到显微镜下观察。

很明显，翅膀并不是靠活性液体穿梭引线而织就的一个组织机体，它本来就是完整的组织机体。要达到完善的状态，需要的只是往外延展和形成刚性，就像一片布料，只需要熨烫一下就行。

在三个多小时里，蝗虫的翅膀和鞘翅的扩展就完成了。它们竖立在蝗虫背上，就像是一对巨大的风帆，起先是无色的，然后变成嫩绿色，像蝉的新翼一样。当初它们缩在那个不起眼的小肉团里，现在已经完全展开，这一幕让人惊叹不已。这么多的材料缩到这样小的一个空间里，这是怎么做到的呢？

有个故事说，一个大麻籽就能生长出为公主准备嫁妆所需要的布料。而我们这儿发生的事情比故事更让人惊叹。故事里的大麻籽需要经过很多年的发芽、生长和繁殖，最后才能达到公主的华丽嫁妆所需要用到的大麻数量。但是蝗虫翅膀的胚芽伸展为华美的风帆只需要短短几个小时。

灰蝗虫竖起的四个平展羽翼渐渐变硬，颜色也由浅变深。到了第二天，颜色就会完成转变。它的翅膀第一次能像扇子一样合拢，收在背后；鞘翅则弯折起外边缘，形成一个小凸起，置于身体两侧。它的蜕变完成了。现在这个大蝗虫只需要让自己更壮实一点，让身体的灰色在烈日下再晒得深一点，就大功告成了。不打搅它继续享乐，让我们回到稍早的一个时刻。

正如我们前面看到的那样，在蝗虫的"紧身衣"顺着中线裂开后不久，外鞘里冒出来四个肉墩，里面就包含有带着无数翅脉的翅膀和鞘翅。虽说还没有完善，但至少无数细节已经齐备，总体设计已经就绪。为了让这个包裹展开，将它们转化为一对宽敞的风帆，只要起压力泵作用的机体把已储存好的液汁注入那些小管道里就足够了。在整个蜕变过程中，这是很费劲的一件事情。有了这些事先布好的毛细管道，一点点液汁的注射就足以让翅膀扩张开来。

但这四片包裹在外鞘中的组织究竟是什么呢？幼虫的翼鞘和三角形翼端是不是一些模子，按照它们那弯曲折叠的模样，将包裹住的东西进行加工定型，从而才能编织出未来的翅膀和鞘翅上的网纹呢？

如果它们真的是模子，我们或许能得到暂时的满足。我们或许会对自己说：很简单，模子里出来的东西必然跟模子的内腔相符。但这种简单只是表面的，因为模子本身也必须从别的地方获得这种必不可少的复杂结构。没必要追溯得这么远，那样只会让我们一头雾水。

我们还是回到可观察的事实上吧。

我将一只即将蜕变的幼虫的三角形翼端放在放大镜下进行观察。我看到一束呈扇形发散的较粗壮的翅脉，这些翅脉中间还有一些苍白的细翅脉。最后，加上许多更加细微的、横向分布的短翅脉，一幅完整的脉络图就跃然眼前了。

这无疑就是蝗虫鞘翅的一个简单草图，这与成熟的器官是多么不同啊！翅脉的分布以及结构都完全不是一回事，由交叉翅脉形成的网络跟最终成形的复杂分布相差太多。复杂取代了原始的粗糙。同样，从翅膀的翼端到它最终的完美形态——翅膀本身，变化也很大。

当蝗虫翅膀的准备状态和最终状态一起摆在眼前时，我们可以很清楚地看到，幼虫的翼翅并不是一个简单的模子，它并不是按照自身的模样来塑造翅膀的组织机体的，也不是根据它自身复杂的空腔结构来构造翅膀的。

翅膀的雏形中还没有包裹状薄膜，当这薄膜展开时，它的宽大以及它表面的复杂性让我们惊讶。或者，更准确地说，薄膜就在翅膀的雏形里，不过处于潜在的状态。在成为真实的东西之前，它是一个不存在的虚拟的东西，但有变化的能力。它存在于雏形中，就像橡树存在于橡栗中。

翅膀和鞘翅胚芽的外端被隔离开来。在显微镜下，我们可以看到那里有未来翅膀饰边的几个可疑的轮廓。这很可能就是生命使其材料快速运转的工厂。其他就什么也看不出了，我们无法预见到这个庞大的网络，在这个网络中，每个网格的形状和位置都必须精准地预先确定。

为了使这些材料形成网纱，并赋予它迷宫般的结构，必须要有一种比模具更好、更妙的东西才行。蝗虫需要有一个原型设计，一个合理而完美的模式，将机体的每个原子都分配到一个精确的位置上。在材料还没有开始运转之前，翅膀的外形已经埋好了伏笔，汁液流经的通道也已经被设计好了。建筑物中的石头是根据建筑师的计划而堆砌的，在实际垒砌起来之前，它们的蓝图早已备好。

蝗虫的翅膀也是如此，从小小的肉芽中生长出薄翼，这个杰作背后也有一个建筑师，他是生命图纸的作者，生命就是根据这份图纸而运转的。

生物的诞生为我们展现了无数的奇迹，它远比蝗虫的翅膀更加令人惊叹，但在时间帷幕的遮掩下，它变得晦暗不明，通常不会引起我们的注意。

在对神秘事物的思索中，时间剥夺了我们见证最令人惊叹的场景的权利——除非我们具备坚韧的耐心。蝗虫的奇迹是一个例外，因为蜕变的发生是如此迅速，逼迫我们施以专注。

如果有人想无须枯燥等待就可以一窥生命如何以不可思议的灵巧方式发挥作用，他只要去观察葡萄园里的蝗虫就可以了。在发芽的种子、外绽的叶子和绽放的鲜花那里被隐藏起来的，他能在蝗虫身上看到。我们不能看到青草的生长，但我们能看到蝗虫翅膀的生长。

一个麻籽粒那么大的东西几个小时内就转化为美轮美奂的翅膀，这个卓绝的魔法令人惊叹不已。生命是多么伟大的艺术家啊！它用自己的梭子织出了蝗虫的翅膀。普林尼在很久以前就曾提到过这个最微不足道的昆虫："蝗虫在这个不为人知的方面，向我们展示了多么强大、完美、充满智慧和不可思议的生命力啊！" 这位老博物学家的感慨是多么确切啊！让我们跟随他重复这句话："蝗虫在这个不为人知的方面，向我们展示了多么强大、完美、充满智慧和不可思议的生命力啊！"

我听说有一个博学的研究者，对他来说，生命不过是物理和化学力量之间的博弈。他殚精竭虑，希望有一天能够人工提取一种物质，也就是官方术语所称的"原生质"。假如我有办法，我会立刻满足这位具有雄心壮志的绅士的愿望。

但假如诚如所愿，你真的准备好了原生质。通过深思熟虑、深入研究、悉心照看和坚韧不拔，你的愿望得以实现：从仪器中提取了一种容易腐败、过几天就臭不可闻的蛋白质黏液，也就是一种脏兮兮的东西。但是你准备拿它来做什么呢？构造什么东西吗？你是不是要用皮下注射器把原生质注入两片几乎隐形的薄片中，从而获得哪怕是一只苍蝇的翅膀呢？这跟蝗虫的做法差不多相近。它把原生质注入两个胚层之间，于是这材料就形成了鞘翅，因为它找到了我之前刚讲过的作为向导的原型。在注入之前，在有这个材料之前，原型已经控制了材料在迷宫的运行。

在你的注射针头里有没有这个能协调形状的原型？有没有这个原生的协调者呢？没有！那就将你的产品扔掉吧。生命绝不会从这样的化学污秽中迸发出来。

松树鳃角金龟

　　这种昆虫的正式名称是缩绒鳃角金龟。对于命名这件事不应该苛求，这一点我很清楚。随便发出一种声音，加上一个拉丁语的词尾，只要它还算顺耳，你就能得到一个跟昆虫学家标本盒上贴的许多标签相似的名称。如果这个野蛮的术语指的确实是这个昆虫而不是别的昆虫，听起来不顺耳也还情有可原，但作为一条常规，这个包含希腊语或其他语言的词根的名称往往具有一定的含义，新手希望能从中得到一些启示。

　　但人们的希望落空了。这个看似高深的术语指向的却是些难以理解而又无关紧要的东西，往往让人陷入迷途，将他引导到跟我们观察到的事实毫无关联的事情上去。这些名称中的错误常常是令人无法容忍的，有时候更是荒诞不经。只要听起来悦耳，那些从词源学上无从分析的习惯性称呼都能大行其道！要不是立刻让人联想到别的意思，"缩绒"就是这样一个词。这个拉丁词语的意思是"缩绒工"，指一个把呢绒布浸在水里搓揉按压，让呢绒具有弹性，并去掉它的表面粗粒的工人。本文的研究对象跟这个缩绒工有什么关系呢？我绞尽脑汁也不得其解。

普林尼在他的著作中用"缩绒"称呼一种昆虫。在其中一章，这位伟大的博物学家谈到了一种治疗黄疸病、发烧和水肿的药物。这部古代药典包罗万象，里面有黑狗的长牙，红布包扎的老鼠鼻子，从活物身上取出放在山羊皮袋里的绿蜥蜴的右眼，用右手掏出的蛇心，紧紧包在黑布中包括飞镖在内的四根蝎子尾骨。也有三天内病人不能看见药物，也不能看见制药的人。此外，还有不少古怪的规矩。我们合上书本，不禁对这些愚蠢的治疗方法感到警惕，怕它有一天应用到自己身上。

在这些愚昧的药引和药方中间，我们看到书中还提到了"缩绒"，上面写道：将缩绒金龟一分为二，一半贴在左臂，另一半贴在右臂，可退高热。

那么，古代博物学家所说的"缩绒金龟"是指什么呢？我们并不十分清楚。"白点"这个修饰语，倒是跟松树鳃角金龟的特征相吻合，但仅这一点还不足以确定。普林尼自己似乎对这味药方的身份也不太确定。在他那个年代，人们还没有学会去观察昆虫的世界。昆虫太小，孩子们拿来玩玩还不错，把它们绑在长线的一端，让它们在地上转圈。但它们不配得到成年人的关注。

普林尼显然是从乡下人那里知道这个词的，他们是蹩脚的观察者，在取名字这件事上喜欢夸大其词。普林尼接受了这个称谓，说不定这称谓还是孩童的想象之作，他没有详加考证就随便用上了。这个古色古香的词语传到我们这一代，现代的博物学家也接受了它，我们最漂亮的昆虫之一就成了"缩绒工"。古代的威严神化了这个奇怪的称呼。

尽管对古老的语言满怀敬意，但我还是不能接受"缩绒"这个称谓，因为它被用在这里显得既荒唐又可笑。面对怪异的命名法，常识应该得到优先考虑。为什么不称之为松树鳃角金龟，以这种昆虫喜欢的树木来命名呢？毕竟，松树于它而言是天堂，它要在上面度过两三周的空中生活。没有比这命名更简单、更合适的了。

在真理之光照射到普罗大众之前，我们必须在荒谬的暗夜徘徊十几个世纪。所有的科学都见证到这一点，甚至数字科学也不例外。尝试用罗马数字来做加法，你会被这些混乱的符号搞得晕头转向，从而不得不放弃计算。你会发现零的发明在算术中是多么了不起的革命。就像哥伦布的鸡蛋，实际上非常简单，但难能可贵的是想到它。

在"缩绒"这个不合时宜的名称湮没在历史的尘埃中之前，我们在这里还是使用"松树鳃角金龟"这个名称。用这个名称，没人会搞混，这种昆虫频频光顾的只有松树。

它仪表堂堂，可以和犀角金龟媲美。它的装束可能不像金步甲、吉丁和金匠花金龟那样，具有华贵的金属质感，但也算得上高雅不凡。在黑色或栗色的底上散布着形状各异的白绒斑点，既朴素又漂亮。

雄性昆虫的短触角尖上顶着七片叠在一起的大叶片，它们可以像扇子那样打开和合上。人们可能会把这个华丽的装饰看成是一个高度完善的感觉器官，能够嗅到微弱的气味，探知几乎无声的空气振动，以及其他我们无法感知到的现象。但这雌性昆虫提醒了我们，不能太把这当回事儿。因为，虽然母亲的职责要求它至少拥有跟雄性一样的敏感度，但它的头饰却很小，只有六个小叶片。

那么，雄性触角上那巨大的扇形结构有什么用呢？松树鳃角金龟那个七叶片器官，作用跟大孔雀蝶振动的长触角、牛蜣螂额上的全副盔甲以及鹿角锹甲大颚上的叉枝大同小异，为了吸引异性，每只昆虫都会各显神通，大肆装扮一番。

漂亮的鳃角金龟会在夏至到来之前出现，和第一批蝉几乎同时出现。由于它总是准时出现，所以在昆虫年历中占有一席之地。昆虫年历的准确性不比四季年历差。当夏至到来时，在这些漫漫长日里，庄稼都镀上了一层金光，鳃角金龟会急切地爬到树上。为了庆祝圣约翰节①，村里的孩子们在圣让堡②点火的日子不会比鳃角金龟出现的日子更准。

在这个季节的傍晚时分，如果天气不错，鳃角金龟都会来到院子里的松树上。我看着它们，追踪它们的演化轨迹。它们默默飞着，不乏激情，雄性昆虫会将触角上的装饰张开，它们特别喜欢到处转圈。昆虫们来来往往，在最后一抹亮光下的蓝天中留下了飞行的一串串踪迹。歇息片刻，它们又飞了起来，再次忙碌地转起圈来。在十四天的狂欢中，它们在那里究竟做了些什么呢？

答案很简单：它们在求偶。雄性鳃角金龟不断对异性表达爱慕之情，直到夜幕降临。第二天早晨，雄性和雌性昆虫一般都待在低处的树枝上。它们待在那里，一动不动，对周围发生的事情漠不关心。即使这时候有人来捉它们，它们也不会飞走。它们用后爪挂在树上，啃噬着松针，看上去似乎嘴里含着松针在静静地打瞌睡。黄昏来临时，它们又开始了嬉戏。要观看它们在树上的嬉戏几乎不可能，让我们将它们抓起来再观察吧。一天早上，我抓了四对松树鳃角金龟，把它们放到了一个宽敞的笼子里，里面还放上了几根松树枝。关在笼子无法

① 圣约翰节，最初是为了纪念夏至日而设定的，后为纪念基督教施洗者约翰的生日（6 月 24 日）而设。
② 圣让堡（Fort Saint-Jean），法国马赛的一座堡垒。

飞行的它们几乎不值一看，它们无法像在露天里那样活动。最多有时能看到一只雄性不时地在接近它的求偶对象。它打开触角上的叶片，微微抖动着，可能是在确认自己是否得到了对方的欢心。它装出派头十足的样子，展示着自己的触角。但没有用，雌性昆虫无动于衷，似乎对这样的炫耀没有感觉。将昆虫囚禁起来自有其不足之处，我所能看到的也就只有这些了。看来交尾只有在深夜才会发生，我已经错过了良机。

有一个细节引起了我的兴趣，雄性松树鳃角金龟会发出一种音调，在这方面雌性跟雄性一样有天赋。求偶者是用这种方式来取悦和吸引对方吗？雌性是否以同样的恋曲来答复对方？在身处松树上的正常情况下，事情极有可能就是这样的。但我没有做出定论，因为不论是在松树间，还是在我的实验室里，我都没有听到过像这样的音调。

这个声音产生自腹尖，发声时腹部轻轻起伏，腹部最后几个环节依次摩擦着保持静止不动的鞘翅后部边缘。在摩擦的两面都没有什么特殊的器官。我用放大镜找了很久，都没有发现专门用来发声的昆虫发音器。两个摩擦面都很光滑，那声音是怎么发出来的呢？

用湿的手指在玻璃片或玻璃窗上划过时，我们明显能听到一种声音，它跟鳃角金龟发出的声音多少有点像。还有更好的办法：用一块橡皮摩擦玻璃，发出的声音更多了几分相似性。如果注意一下划玻璃的节奏，这时发出的声音几乎与鳃角金龟发出的声音相差无几。

在鳃角金龟的发音器官中，柔软的腹部相当于手指或橡皮，轻薄、易振动的鞘翅边缘相当于玻璃，这是对松树鳃角金龟发声原理的最简单的描述。

图书在版编目（CIP）数据

昆虫世界的社会生活 / (法) 法布尔著 ; 蒋永强译 . —
南京 : 江苏凤凰科学技术出版社 , 2021.5
　（巨人的肩膀）
　ISBN 978-7-5713-1640-2

　Ⅰ . ①昆… 　Ⅱ . ①法… 　②蒋… 　Ⅲ . ①昆虫—普及
读物 　Ⅳ . ① Q96-49

中国版本图书馆 CIP 数据核字（2020）第 262262 号

昆虫世界的社会生活

著　　　者	[法]法布尔
译　　　者	蒋永强
责 任 编 辑	吴梦琪
特 约 编 辑	刘仁军
责 任 校 对	仲　敏
责 任 监 制	周雅婷
出 版 发 行	江苏凤凰科学技术出版社
出版社地址	南京市湖南路 1 号 A 座，邮编：210009
出版社网址	http://www.pspress.cn
印　　　刷	溧阳市金宇包装印刷有限公司
开　　　本	889mm×1240mm　1/32
印　　　张	9.25
字　　　数	168 000
版　　　次	2021 年 5 月第 1 版
印　　　次	2021 年 5 月第 1 次印刷
标 准 书 号	ISBN 978-7-5713-1640-2
定　　　价	88.00 元

图书如有印装质量问题，可随时向我社印务部调换。